シリーズ
多変量データの
統計科学 2

藤越康祝
杉山高一
狩野 裕
[編集]

多変量データの分類

—判別分析・クラスター分析—

佐藤義治
[著]

朝倉書店

まえがき

多変量解析や多変量データ解析には数多くの手法や考え方が存在するが，本書で扱う判別分析およびクラスター分析は,「多変量データの分類手法」と位置づけることができる．国際分類学会 (協会) においても “classification”に相当する概念は判別分析とクラスター分析が中心的テーマとなっている．

歴史的にみると，判別分析の方が古く，1930 年代から行われていることは参考文献を見ても明らかであるが，いわゆる電子計算機が実用化されるかなり以前から理論的な研究が行われていることは，現在の研究のあり方に対しても極めて示唆的である．現在は実際に役に立つ研究でなければ，価値がなきがごとき風潮があり，将来，役に立つであろうというだけでは全く取り上げられないことは残念である．統計学は特に実学としての役割も大きいが，将来役に立つであろう統計的理論とはどのようなものかを常に考えておく必要がある．

これに対して，クラスター分析は電子計算機の実用化とほとんど時を同じくして 1960 年代にいわゆる数値分類や自動分類として，“*Nature*”を賑わした方法である．それは参考文献を見ても，初期の論文は “*The Computer Journal*”によく見られるように，計算機の発達と密接に関連していることを物語っている．

このように，判別分析やクラスター分析は長い歴史をもっており，それらの理論的側面は十分に議論されてきている．そのため，本書ではそれを適用するための指針となることを目的とした．もちろん，理論的にすべてが解決されているわけではなく，現在でも難しい問題は数多く残っている．

しかし，現実のデータ解析の経験によると，判別分析は 1936 年のフィッシャーの線形判別関数に勝るものはないように思われる．現在，統計的学習理論や機械学習と呼ばれている分野，さらには “データマイニング”と呼ばれているかなり広範囲をカバーする領域においても，パターン認識や非線形判別関数などにおいてはこのフィッシャーの線形判別関数の考え方が基本となっている．著者も以前に階層的ニューラルネットワークの式を見たとき，これはフィッシャーの判別関数を書き換えたにすぎないとの印象であったことを思い出す．

また，クラスター分析といえば，k–平均 (k–means) 法は優秀な方法であり，最近のように超膨大なデータのクラスタリングの可能性は k–平均法に基づくアルゴリズム以外には考えつかないところである．特に多変量正規混合分布を用いてクラスターの推定を行った例が本書でも述べられているが，これがうまくいった理由は k–平均法による初期値のよさによるものと考えられる．もちろんクラスター数は仮定した上でのことである．

本書においても，判別分析において，非線形判別関数について議論しているが，データ解析は本来，統計的議論の枠組みで論じられるべきと考えると，データが先にあってそれをいかに分析するかということではなく，先に問題があり，それに対してデータをいかに観測するか，また観測したデータが目的とする情報をもっているかどうかを慎重に吟味することが重要であることは言うまでもない．しかし，データマイニングということが言われてから，データが先にあり，それからいかに情報を抽出するかという枠組みで論じられることが多い．判別分析やクラスター分析を行うとき，観測される変量の値は分類に寄与することを期待するのが普通である．すなわち変量の値が近ければ同一の群に，あるいは同一のクラスターに属すと考えることが妥当であろう．したがって，このような状況においては判別境界やクラスターの境界が非線形というのは，むしろ観測データがおかしいと考えてみる必要がある．しかし，観測可能な変量の制約およびデータの適切な変換や再観測が困難な場合には非線形判別関数を用いる必要がある．

最近は，これらのソフトウェアに関しても様々なパッケージなどが充実しているが，フリーソフトウェアの “R” によっても判別分析やクラスター分析は可能である．しかし，細部に注意を要する点もあるので，“R” 上で，ある程度自分でプログラムを作成してみることも重要である．プログラムの作成はその手法の理解をより深める効果もあり，手法の問題点の把握も含めて応用上有効である．本書での “R” のプログラム例は朝倉書店ホームページ http://www.asakura.co.jp から入手可能である．

本書の出版の機会をいただいた編集委員の各位並びに大変丁寧な校正をしていただいた朝倉書店の方々に謝意を表します．

2009 年 3 月

佐 藤 義 治

目　　次

part I

判　別　分　析

判別分析とはいくつかのグループ (以下では群と表現する) から観測された多変量データに基づき，これらの群を判別する規則を構成することである．その規則を具体的に与えるものが判別関数である．判別関数と呼ぶ意味は，新たに観測されたデータが所属する群が未知であるとき，その値によって所属する群を予測するための関数ということである．

判別分析と密接に関連する分野として，パターン認識や統計的学習理論，機械学習などがあるが，これらの分野の包含関係や守備範囲はそれほど明確ではない．結果的に認識や学習という概念は識別することが基本にあることから極めて類似している．学習という言葉からも想起されるように，判別分析でいうところの分類は教師付き分類とも呼ばれている．すなわちデータとして分類の外的基準が与えられていることに特徴がある．

判別分析は実際のデータ解析の方法で頻繁に利用される方法の１つである．最近は医療や医薬の分野などにおいて，個人の特性に応じた治療や医薬の研究開発が求められているが，そこまで到達しないまでも，個人の特性をいくつかの類型に分類して，類型ごとの治療などが行われている．新しい患者がどの類型に属すのかを識別するために判別関数が用いられている．たとえば，子供の歯科矯正を行う場合，その子供の成長予測を行うことが重要である．将来の成長した形態に基づいて矯正を行わなければならないからである．そのために顎部の形態を分類し，子供が将来どの分類に属すかを予測する目的で判別分析が用いられている．

データ解析では予測や結論は決定論的には得られない．あくまでも誤差範囲内での議論である．判別分析においてもデータがどの群に属すかは決定的に得られるものではない．そこで，判別分析そのものの信頼性がどの程度なのかを見積もる必要がある．それが判別分析における誤判別率として表される．現実には，すべてどの群か明確に判別できるとは限らない．したがって，決して誤判別が許されない状況では，どの群に属すかは不明である，という決定があり得る，すなわち，群の判定領域に未定の部分が存在する場合がある．誤判別は未定領域を大きくとればいくらでも小さくできるので，通常は未定領域は存在しないものとして，誤判別を最小にする判別関数が求められる．

もし，データが生起する確率分布の確率密度関数が既知の場合には，ベイズ判別規則によって誤判別が最小となる判別関数を求めることができる．しかし，実際に母集団の確率密度関数が与えられることはほとんど考えられない．多くの場合，多変量正規分布が近似的に当てはまるものと考えることができるため，これを用いることが多い．また，多変量正規分布の仮定の下で判別関数を求めた方が他を仮定するより良好な結果が得られることがある．母集団の多変量正規性を若干緩めた方法として，フィッシャーの線形判別関数 (本書では正準判別関数とも呼んでいる) があり，実際の判別関数として最も応用されている方法である．最近提案されている統計的学習理論や機械学習で用いられている判別方法はフィッシャーの判別関数に基づくものがほとんどである．第 I 部の最後に述べる非線形判別関数もフィッシャーの線形判別関数に基づく方法である．

chapter **1**

判　別　規　則

1.1　ベイズ判別規則

実際に観測された標本の確率分布が既知の場合はほとんど考えられないが，もし，確率密度関数が既知である場合や確率密度関数の仮定が妥当と思われる場合には，ベイズ判別規則 (Bayse discriminant rule) による最適な判別領域を得ることができる．まず，最も単純な 2 群の場合について説明しよう．

p 変量確率変数 $\boldsymbol{X} = (X_1, X_2, \ldots, X_p) \in R^p$ に関する 2 群 G_1 および G_2 の確率密度関数をそれぞれ $f_1(\boldsymbol{x}) = f_1(x_1, x_2, \ldots, x_p)$ および $f_2(\boldsymbol{x}) = f_2(x_1, x_2, \ldots, x_p)$ とする．これらの 2 群から標本が抽出される確率 (事前確率) がそれぞれ π_1, π_2 と与えられているものとする．2 群 G_1 および G_2 が存在する全領域を R とし，2 群を識別する互いに排反な領域を R_1, R_2, $R_1 \cup R_2 = R$, $R_1 \cap R_2 = \varnothing$ とし，標本 $\boldsymbol{x} \in R_1$ ならば $\boldsymbol{x}$ は群 G_1 からの標本とし，$\boldsymbol{x} \in R_2$ ならば $\boldsymbol{x}$ は群 G_2 からの標本と判別する．このとき，2 群の確率密度が重複する場合にはつぎのような誤判別の確率が生じる．すなわち，G_1 からの標本を G_2 からのものと誤判別する確率 $p_{(2|1)}$ および G_2 からの標本を G_1 からのものと誤判別する確率 $p_{(1|2)}$ であり，これらはそれぞれつぎのように計算される．

$$p_{(2|1)} = \int_{R_2} f_1(\boldsymbol{x}) d\boldsymbol{x}, \quad d\boldsymbol{x} = dx_1 dx_2 \cdots dx_p$$

$$p_{(1|2)} = \int_{R_1} f_2(\boldsymbol{x}) d\boldsymbol{x}$$

したがって，誤判別の確率はつぎのようになる．

$$\pi_1 p_{(2|1)} + \pi_2 p_{(1|2)} = \pi_1 \int_{R_2} f_1(\boldsymbol{x})\ d\boldsymbol{x} + \pi_2 \int_{R_1} f_2(\boldsymbol{x})\ d\boldsymbol{x} \qquad (1.1)$$

一方，標本 $\boldsymbol{x}$ が与えられたとき，この標本が G_1 から観測されたとする条件付確率 (事後確率) はベイズの定理から

$$\frac{\pi_1 f_1(\boldsymbol{x})}{\pi_1 f_1(\boldsymbol{x}) + \pi_2 f_2(\boldsymbol{x})} \tag{1.2}$$

と与えられる．したがって，誤判別の確率 (1.1) を最小にするためには，観測値 $\boldsymbol{x}$ を

$$\frac{\pi_1 f_1(\boldsymbol{x})}{\pi_1 f_1(\boldsymbol{x}) + \pi_2 f_2(\boldsymbol{x})} \geq \frac{\pi_2 f_2(\boldsymbol{x})}{\pi_1 f_1(\boldsymbol{x}) + \pi_2 f_2(\boldsymbol{x})}$$

ならば，G_1 に割り当て，そうでなければ G_2 に割り当てる，すなわち領域 R をつぎのように分割するならば誤判別の確率 (1.1) を最小にすることが知られている．

$$\begin{aligned} R_1 &= \{\boldsymbol{x} \mid \pi_1 f_1(\boldsymbol{x}) \geq \pi_2 f_2(\boldsymbol{x})\} \\ R_2 &= \{\boldsymbol{x} \mid \pi_1 f_1(\boldsymbol{x}) < \pi_2 f_2(\boldsymbol{x})\} \end{aligned} \tag{1.3}$$

さらに，誤判別による損失 (ペナルティーとか，最近ではリスクと言われることもある) が与えられる場合，すなわち G_1 からの標本を G_2 からのものと誤判別したときの損失を $w_{(2|1)}$ および G_2 からの標本を G_1 からのものと判別したときの損失を $w_{(1|2)}$ とする．一般には $w_{(1|2)} \neq w_{(2|1)}$ であろう．たとえば，ある病気かどうかを判別した場合，病気を健康だと誤判別したときと，健康なものを病気と誤判別したときではそれらの損失は同じとは考えられない．標本 $\boldsymbol{x}$ が与えられたとき，損失の期待値はつぎのように与えられる．

$$\pi_1 w_{(2|1)} p_{(2|1)} + \pi_2 w_{(1|2)} p_{(1|2)} \tag{1.4}$$

したがって，損失の期待値を最小にする分割を得るためには，領域 R をつぎのように分割すればよい．

$$\begin{aligned} R_1 &= \left\{\boldsymbol{x} \;\middle|\; \frac{f_1(\boldsymbol{x})}{f_2(\boldsymbol{x})} \geq \frac{\pi_2 w_{(1|2)}}{\pi_1 w_{(2|1)}} \right\} \\ R_2 &= \left\{\boldsymbol{x} \;\middle|\; \frac{f_1(\boldsymbol{x})}{f_2(\boldsymbol{x})} < \frac{\pi_2 w_{(1|2)}}{\pi_1 w_{(2|1)}} \right\} \end{aligned} \tag{1.5}$$

これら，ベイズの定理に基づく判別領域および判別規則はベイズ判別規則と呼

ばれる．この判別方式は

$$P\left\{ \frac{f_1(\boldsymbol{x})}{f_2(\boldsymbol{x})} = \frac{\pi_2}{\pi_1} \;\middle|\; G_g \right\} = 0, \quad g = 1, 2$$

である点の集合を除いて一意である.[5)]

多群 (2 群以上) のベイズ判別規則は 2 群の場合を拡張してつぎのように与えられる．いま p 変量確率変数 $\boldsymbol{X}$ に関する k 個の母集団 $G_1, G_2, \ldots, G_k$ があり，それらの確率密度関数が

$$f_1(\boldsymbol{x}),\ f_2(\boldsymbol{x}),\ \cdots,\ f_k(\boldsymbol{x})$$

と与えられているものとする．さらに，各母集団からの事前確率を $\pi_1, \pi_2, \ldots, \pi_k$ とする．ここで，p 次元確率変数の領域 R を k 個に分割して $R = R_1 \cup R_2 \cup \cdots \cup R_k$, $R_i \cap R_j = \varnothing$, $i \neq j$ とするとき，標本 $\boldsymbol{x}$ が R_i に属すならば $\boldsymbol{x}$ は G_i からのものと判別する規則を与えるものとする．このとき，G_i からの標本 $\boldsymbol{x}$ を G_j からのものとする誤判別の確率 $p_{(j|i)}$ はつぎのように計算される．

$$p_{(j|i)} = \int_{R_j} f_i(\boldsymbol{x})\, d\boldsymbol{x}$$

この誤判別に対する損失を $w_{(j|i)}$ と表すならば，全体として考えたときの損失の期待値は (1.4) と同様に

$$\sum_{i=1}^{k} \pi_i \left\{ \sum_{j=1, j\neq i}^{k} p_{(j|i)} w_{(j|i)} \right\} \tag{1.6}$$

として得られる．したがって，$\boldsymbol{X}$ の領域 R の分割 $\{R_1, R_2, \ldots, R_k\}$ は (1.6) を最小にするように求めればよい．ベイズの定理から，標本 $\boldsymbol{x}$ を G_i からのものとする事後確率は (1.2) と同様に

$$\frac{\pi_i f_i(\boldsymbol{x})}{\sum_{\ell=1}^{k} \pi_\ell f_\ell(\boldsymbol{x})}, \quad \boldsymbol{x} \in G_i$$

であるから，$\boldsymbol{x} \in G_i$ を G_j からのものと誤判別したときの損失の期待値はつぎのように表される．

$$\sum_{i=1, i\neq j}^{k} \frac{\pi_i f_i(\boldsymbol{x})}{\sum_{\ell=1}^{k} \pi_\ell f_\ell(\boldsymbol{x})} w_{(j|i)}$$

したがって，これを最小にするためには分母は共通であるから，

$$\sum_{i=1, i\neq j}^{k} \pi_i f_i(\boldsymbol{x}) w_{(j|i)}$$

を最小にすることと同値である．したがって，領域 R_j は

$$R_j = \left\{ \boldsymbol{x} \;\middle|\; \sum_{i=1, i\neq j}^{k} \pi_i f_i(\boldsymbol{x}) w_{(j|i)} < \sum_{i=1, i\neq h}^{k} \pi_i f_i(\boldsymbol{x}) w_{(h|i)}, \quad h \neq j \right\}$$

すなわち，標本 $\boldsymbol{x}$ が与えられたとき，判別関数

$$d_j(\boldsymbol{x}) = \sum_{i=1, i\neq j}^{k} \pi_i f_i(\boldsymbol{x}) w_{(j|i)}, \quad j = 1, \ldots, k$$

を用いて，判別規則はつぎのように与えられる．

- $d_1(\boldsymbol{x}), d_2(\boldsymbol{x}), \ldots, d_k(\boldsymbol{x})$ の中で最小の値をもつ群 G_j に判別する

このとき，すべての i, j $(i \neq j)$ について $w_{(j|i)} = 1$ の場合には，

$$\begin{aligned} R_j &= \left\{ \boldsymbol{x} \;\middle|\; \sum_{i=1, i\neq j}^{k} \pi_i f_i(\boldsymbol{x}) < \sum_{i=1, i\neq h}^{k} \pi_i f_i(\boldsymbol{x}), \quad h \neq j \right\} \\ &= \{ \boldsymbol{x} \mid \pi_j f_j(\boldsymbol{x}) > \pi_h f_h(\boldsymbol{x}), \quad h \neq j \} \\ &= \left\{ \boldsymbol{x} \;\middle|\; \log \frac{f_j(\boldsymbol{x})}{f_h(\boldsymbol{x})} > \log \frac{\pi_h}{\pi_j}, \quad h \neq j \right\} \end{aligned}$$

となり，判別関数を

$$d_{jh}(\boldsymbol{x}) = \log \frac{f_j(\boldsymbol{x})}{f_h(\boldsymbol{x})} \tag{1.7}$$

とおくと，判別規則は

- $d_{jh}(\boldsymbol{x}) > \log \pi_h/\pi_j$ が，$j \neq h$ なるすべての h について成り立つならば $\boldsymbol{x} \in G_j$ と判別する ($d_{jh}(\boldsymbol{x}) = \log \pi_h/\pi_j$ のときはランダムに判別する)

として与えられる．

1.2　母集団の分離度に基づく判別規則 (正準判別規則)

ここでもまず 2 群 G_1, G_2 の判別について考えよう．ベイズ判別規則は，2 群に関する p 変量確率変数 $\boldsymbol{X}$ の確率密度関数が与えられた場合について求められたが，ここでは，$\boldsymbol{X}$ の平均ベクトルと分散共分散行列がつぎのように与えられているものとする．

$$G_1: \ \boldsymbol{\mu}_1, \quad \boldsymbol{\Sigma}$$
$$G_2: \ \boldsymbol{\mu}_2, \quad \boldsymbol{\Sigma}$$

Fisher(1936) は，これら 2 群を判別するためにつぎのような線形判別関数を用いた．

$$Z = \boldsymbol{a}'\boldsymbol{X} = a_1X_1 + a_2X_2 + \cdots + a_pX_p \tag{1.8}$$

ここで $\boldsymbol{a}'$ は $\boldsymbol{a}$ の転置ベクトルである．2 群をあるベクトル $\boldsymbol{a}$ で張られる 1 次元空間へ射影したとき，射影された 2 群の平均 $\boldsymbol{a}'\boldsymbol{\mu}_1$ と $\boldsymbol{a}'\boldsymbol{\mu}_2$ との差の平方と，Z の分散 $\boldsymbol{a}'\boldsymbol{\Sigma}\boldsymbol{a}$ との比を考え，これを最大にするような方向 $\boldsymbol{a}$ を求めた．すなわち，

$$\eta(\boldsymbol{a}) = \frac{\boldsymbol{a}'(\boldsymbol{\mu}_1 - \boldsymbol{\mu}_2)(\boldsymbol{\mu}_1 - \boldsymbol{\mu}_2)'\boldsymbol{a}}{\boldsymbol{a}'\boldsymbol{\Sigma}\boldsymbol{a}}$$

を最大にすることは 2 群の分離度を最大にすることを意味し，後に述べる多群の判別において明確になるが，いわゆる級間分散と級内分散の比を最大にすることと同等となる．η を $\boldsymbol{a}$ の関数とみなしたとき，この関数は $\boldsymbol{a}$ に関して 0 次斉次関数，すなわち $\eta(\lambda\boldsymbol{a}) = \eta(\boldsymbol{a})$, $\lambda \neq 0$ が成り立つので，一般性を失うことなく $\boldsymbol{a}$ に $\boldsymbol{a}'\boldsymbol{\Sigma}\boldsymbol{a} = 1$ と制約をつけることができる．したがって，ラグランジュの未定乗数法を用いて，

$$h(\boldsymbol{a}) = \boldsymbol{a}'(\boldsymbol{\mu}_1 - \boldsymbol{\mu}_2)(\boldsymbol{\mu}_1 - \boldsymbol{\mu}_2)'\boldsymbol{a} - \kappa(\boldsymbol{a}'\boldsymbol{\Sigma}\boldsymbol{a} - 1)$$

を最大にする $\boldsymbol{a}$ を求めればよい．この解は

$$\frac{\partial h(\boldsymbol{a})}{\partial \boldsymbol{a}} = 0$$

を満たすことから，つぎの方程式を得る．

$$(\boldsymbol{\mu}_1-\boldsymbol{\mu}_2)(\boldsymbol{\mu}_1-\boldsymbol{\mu}_2)'\boldsymbol{a}-\kappa\boldsymbol{\Sigma}\boldsymbol{a}=0 \tag{1.9}$$

したがって，$\boldsymbol{a}$ は行列

$$\boldsymbol{\Sigma}^{-1/2}(\boldsymbol{\mu}_1-\boldsymbol{\mu}_2)(\boldsymbol{\mu}_1-\boldsymbol{\mu}_2)'\boldsymbol{\Sigma}^{-1/2} \tag{1.10}$$

の最大固有値に対応する固有ベクトルであることがわかる．一方，このとき，行列 $(\boldsymbol{\mu}_1-\boldsymbol{\mu}_2)(\boldsymbol{\mu}_1-\boldsymbol{\mu}_2)'$ のランク (階数) は明らかに 1 であるから，正定値対称行列 (1.10) の固有値は $\kappa_1>0, \kappa_2=\cdots=\kappa_p=0$ であり，固有値の和は行列 (1.10) のトレースに等しいことから，

$$\mathrm{tr}\boldsymbol{\Sigma}^{-1/2}(\boldsymbol{\mu}_1-\boldsymbol{\mu}_2)(\boldsymbol{\mu}_1-\boldsymbol{\mu}_2)'\boldsymbol{\Sigma}^{-1/2}=(\boldsymbol{\mu}_1-\boldsymbol{\mu}_2)'\boldsymbol{\Sigma}^{-1}(\boldsymbol{\mu}_1-\boldsymbol{\mu}_2)=\kappa_1$$

が得られる．したがって方程式 (1.9) より，

$$\boldsymbol{\Sigma}^{-1}(\boldsymbol{\mu}_1-\boldsymbol{\mu}_2)(\boldsymbol{\mu}_1-\boldsymbol{\mu}_2)'\boldsymbol{a}=\kappa_1\boldsymbol{a}$$

と表されるので，上式の左辺において，$(\boldsymbol{\mu}_1-\boldsymbol{\mu}_2)'\boldsymbol{a}$ の部分および κ_1 はスカラーであるから，$\boldsymbol{a}$ は

$$\boldsymbol{\Sigma}^{-1}(\boldsymbol{\mu}_1-\boldsymbol{\mu}_2)$$

に比例することがわかる．η の値は $\boldsymbol{a}$ の長さに依存しないので，

$$\boldsymbol{a}=\boldsymbol{\Sigma}^{-1}(\boldsymbol{\mu}_1-\boldsymbol{\mu}_2)$$

とおき，最適な判別関数を

$$Z(\boldsymbol{X})=(\boldsymbol{\mu}_1-\boldsymbol{\mu}_2)'\boldsymbol{\Sigma}^{-1}\boldsymbol{X}$$

と表す．$Z(\boldsymbol{X})$ が与えられたときの判別規則はつぎのように与えられる．いま 2 群 G_1 および G_2 の事前確率を $\pi_1=\pi_2=1/2$ として，2 群全体の平均を

$$\boldsymbol{\mu}=\frac{1}{2}(\boldsymbol{\mu}_1+\boldsymbol{\mu}_2)$$

とする．これを判別空間 (直線) 上に射影した点を $\boldsymbol{a}'\boldsymbol{\mu}$ として，$\boldsymbol{x}$ が与えられたとき

$$\begin{aligned} Z(\boldsymbol{x}) - \boldsymbol{a}'\boldsymbol{\mu} &= \boldsymbol{a}'(\boldsymbol{x} - \boldsymbol{\mu}) \\ &= (\boldsymbol{\mu}_1 - \boldsymbol{\mu}_2)'\boldsymbol{\Sigma}^{-1}(\boldsymbol{x} - \boldsymbol{\mu}) \\ &= (\boldsymbol{\mu}_1 - \boldsymbol{\mu}_2)'\boldsymbol{\Sigma}^{-1}\boldsymbol{x} - \frac{1}{2}(\boldsymbol{\mu}_1 - \boldsymbol{\mu}_2)'\boldsymbol{\Sigma}^{-1}(\boldsymbol{\mu}_1 + \boldsymbol{\mu}_2) \end{aligned}$$

の符号により，G_1 または G_2 へ判別する．なぜならば，

$$\begin{aligned} \boldsymbol{a}'(\boldsymbol{\mu} - \boldsymbol{\mu}_1) &= -\frac{1}{2}\boldsymbol{a}'\{(\boldsymbol{\mu}_1 + \boldsymbol{\mu}_2) - \boldsymbol{\mu}_1\} = -\frac{1}{2}\boldsymbol{a}'(\boldsymbol{\mu}_1 - \boldsymbol{\mu}_2) \\ \boldsymbol{a}'(\boldsymbol{\mu} - \boldsymbol{\mu}_2) &= -\frac{1}{2}\boldsymbol{a}'\{(\boldsymbol{\mu}_1 + \boldsymbol{\mu}_2) - \boldsymbol{\mu}_2\} = \frac{1}{2}\boldsymbol{a}'(\boldsymbol{\mu}_1 - \boldsymbol{\mu}_2) \end{aligned}$$

であるから，$\boldsymbol{a}'\boldsymbol{\mu}$ は $\boldsymbol{a}'\boldsymbol{\mu}_1$ と $\boldsymbol{a}'\boldsymbol{\mu}_2$ の中間にあり，$Z(\boldsymbol{x})$ がそのどちら側にあるかで G_1 または G_2 を判別することができる．したがって，2 群の場合には判別関数は

$$\ell(\boldsymbol{x}) = (\boldsymbol{\mu}_1 - \boldsymbol{\mu}_2)'\boldsymbol{\Sigma}^{-1}\boldsymbol{x} - \frac{1}{2}(\boldsymbol{\mu}_1 - \boldsymbol{\mu}_2)'\boldsymbol{\Sigma}^{-1}(\boldsymbol{\mu}_1 + \boldsymbol{\mu}_2) \tag{1.11}$$

と表され，フィッシャーの線形判別関数と呼ばれている．

フィッシャーの線形判別関数の考え方は，一般の $k\,(>2)$ 群の母集団 $G_1, G_2, \ldots, G_k$ の場合に拡張することができる．この場合，各群は p 変量の確率変数 $\boldsymbol{X} = [X_1, X_2, \cdots, X_p]'$ で表現され，平均および分散共分散がつぎのように与えられているものとする．

$$E\{\boldsymbol{X} \mid \boldsymbol{X} \in G_i\} = \boldsymbol{\mu}_i, \quad V\{\boldsymbol{X} \mid \boldsymbol{X} \in G_i\} = \boldsymbol{\Sigma}, \quad i = 1, 2, \ldots, k$$

ただし，$\mathrm{rank}(\boldsymbol{\Sigma}) = p$ であるものとする．また，各群の事前確率 π_i はすべて等しく，$\pi_1 = \pi_2 = \cdots = \pi_k = 1/k$ とする．このとき，群全体の平均は

$$\boldsymbol{\mu} = \frac{1}{k}\sum_{\ell=1}^{k}\boldsymbol{\mu}_\ell$$

と表され，$\boldsymbol{X} \in G_i$ のとき，

$$
\begin{aligned}
&E\{(\boldsymbol{X}-\boldsymbol{\mu})(\boldsymbol{X}-\boldsymbol{\mu})' \mid \boldsymbol{X} \in G_i\} \\
&= E(\boldsymbol{X}-\boldsymbol{\mu}_i+\boldsymbol{\mu}_i-\boldsymbol{\mu})(\boldsymbol{X}-\boldsymbol{\mu}_i+\boldsymbol{\mu}_i-\boldsymbol{\mu})' \\
&= E(\boldsymbol{X}-\boldsymbol{\mu}_i)(\boldsymbol{X}-\boldsymbol{\mu}_i)' + E(\boldsymbol{\mu}_i-\boldsymbol{\mu})(\boldsymbol{\mu}_i-\boldsymbol{\mu})' \\
&= \boldsymbol{\Sigma} + (\boldsymbol{\mu}_i-\boldsymbol{\mu})(\boldsymbol{\mu}_i-\boldsymbol{\mu})'
\end{aligned}
$$

となるので，全分散共分散行列を $\boldsymbol{T}$，級内分散共分散行列を $\boldsymbol{W}$，級間分散共分散行列を $\boldsymbol{B}$ と表すと，

$$
\begin{aligned}
\boldsymbol{T} &= \boldsymbol{\Sigma} + \frac{1}{k}\sum_{i=1}^{k}(\boldsymbol{\mu}_i-\boldsymbol{\mu})(\boldsymbol{\mu}_i-\boldsymbol{\mu})' \\
\boldsymbol{B} &= \frac{1}{k}\sum_{i=1}^{k}(\boldsymbol{\mu}_i-\boldsymbol{\mu})(\boldsymbol{\mu}_i-\boldsymbol{\mu})' \\
\boldsymbol{W} &= \boldsymbol{\Sigma}
\end{aligned}
$$

となる．ここで，線形判別関数を

$$
Z = \boldsymbol{a}'\boldsymbol{X} = a_1X_1 + a_2X_2 + \cdots + a_pX_p
$$

とおくと $\boldsymbol{X} \in G_i$ のとき，

$$
\begin{aligned}
E\{Z \mid \boldsymbol{X} \in G_i\} &= \boldsymbol{a}'\boldsymbol{\mu}_i \\
V\{Z \mid \boldsymbol{X} \in G_i\} &= E\{\boldsymbol{a}'(\boldsymbol{X}-\boldsymbol{\mu}_i)\}^2 \\
&= \boldsymbol{a}'E(\boldsymbol{X}-\boldsymbol{\mu}_i)(\boldsymbol{X}-\boldsymbol{\mu}_i)'\boldsymbol{a} = \boldsymbol{a}'\boldsymbol{\Sigma}\boldsymbol{a} \\
E\{(Z-\boldsymbol{a}'\boldsymbol{\mu})^2\} &= E\{\boldsymbol{a}'(\boldsymbol{X}-\boldsymbol{\mu}_i+\boldsymbol{\mu}_i-\boldsymbol{\mu})\}^2 \\
&= \boldsymbol{a}'\{E(\boldsymbol{X}-\boldsymbol{\mu}_i)(\boldsymbol{X}-\boldsymbol{\mu}_i)' + (\boldsymbol{\mu}_i-\boldsymbol{\mu})(\boldsymbol{\mu}_i-\boldsymbol{\mu})'\}\boldsymbol{a} \\
&= \boldsymbol{a}'\boldsymbol{\Sigma}\boldsymbol{a} + \boldsymbol{a}'(\boldsymbol{\mu}_i-\boldsymbol{\mu})(\boldsymbol{\mu}_i-\boldsymbol{\mu})'\boldsymbol{a}
\end{aligned}
$$

となるので，k 個の群全体の分離度 (分散比) は

$$
\eta(\boldsymbol{a}) = \frac{\boldsymbol{a}'\dfrac{1}{k}\displaystyle\sum_{i=1}^{k}(\boldsymbol{\mu}_i-\boldsymbol{\mu})(\boldsymbol{\mu}_i-\boldsymbol{\mu})'\boldsymbol{a}}{\boldsymbol{a}'\boldsymbol{\Sigma}\boldsymbol{a}} = \frac{\boldsymbol{a}'\boldsymbol{B}\boldsymbol{a}}{\boldsymbol{a}'\boldsymbol{\Sigma}\boldsymbol{a}} \tag{1.12}
$$

と表される．このとき $\eta(\boldsymbol{a})$ は 2 群の場合と同様に $\boldsymbol{a}$ に関して 0 次斉次式であ

るから，一般性を失うことなく，$\boldsymbol{a}'\boldsymbol{\Sigma}\boldsymbol{a}=1$ の下での η を最大にする．このとき，η の最大値は行列

$$\boldsymbol{\Sigma}^{-1/2}\boldsymbol{B}\boldsymbol{\Sigma}^{-1/2} \tag{1.13}$$

の最大固有値 η_1 であり，対応する固有ベクトルを $\boldsymbol{a}_1$ とおく．ある値 $\boldsymbol{x}$ における線形判別関数

$$Z_1=\boldsymbol{a}_1'\boldsymbol{x}$$

は p 次元空間の中の 1 つの超平面を与えるので，この超平面において，$z_1=\boldsymbol{a}_1'\boldsymbol{x}=h$(定数) の値をを変更するだけで，$G_1,G_2,\ldots,G_k$ を判別できるのは，各群の平均ベクトル $\boldsymbol{\mu}_1,\boldsymbol{\mu}_2,\cdots,\boldsymbol{\mu}_k$ が同一の直線上，すなわち $\boldsymbol{a}_1$ の方向の直線上にある場合だけに限る．一般には k 群の平均ベクトル $\boldsymbol{\mu}_1,\boldsymbol{\mu}_2,\cdots,\boldsymbol{\mu}_k$ の張る空間の次元は高々$k-1$ 次元である．したがって，行列 $\boldsymbol{B}$ のランク (階数) は

$$\mathrm{rank}(\boldsymbol{B})\leq\min\{(k-1),p\}$$

である．これより行列 (1.13) のランクは行列 $\boldsymbol{B}$ のランクと等しい．いま $\mathrm{rank}(\boldsymbol{B})=m$ とすると，行列 (1.13) には m 個の正の固有値が存在し，それらに対応する m 個の固有ベクトルは互いに直交することが知られている．固有値を大きい順に $\eta_1\geq\eta_2\geq\cdots\geq\eta_m$ とし，固有ベクトルを $\boldsymbol{a}_1,\boldsymbol{a}_2,\ldots,\boldsymbol{a}_m$ とすると m 個の線形判別関数

$$Z_1=\boldsymbol{a}_1'\boldsymbol{X},\ Z_2=\boldsymbol{a}_2'\boldsymbol{X},\ \ldots,\ Z_m=\boldsymbol{a}_m'\boldsymbol{X}$$

が得られる．

群の分離度の基準となる分散比 (1.12) を最大にすることは，

$$\tilde{\eta}=\frac{\boldsymbol{a}'\boldsymbol{B}\boldsymbol{a}}{\boldsymbol{a}'\boldsymbol{T}\boldsymbol{a}}$$

を最大にすることと同値である．上式の最大値 $\tilde{\eta}_1$ は判別を与えるダミー変数と $\boldsymbol{X}$ との正準相関係数の平方であることが知られている．その意味で，$Z_1,Z_2,\ldots,Z_m$ が正準判別変量と呼ばれることがある．さらに，これを用いた判別分析を正準判別分析と呼ぶこともあり，本書でも正準判別分析とは分散比に基づく判別を指すものとする．

これらの m 個の判別関数を用いた判別規則はつぎのように与えられる．m 個の固有ベクトル $\boldsymbol{a}_1, \boldsymbol{a}_2, \ldots, \boldsymbol{a}_m$ からなる行列を

$$\boldsymbol{A}_m = [\boldsymbol{a}_1,\ \boldsymbol{a}_2,\ \ldots,\ \boldsymbol{a}_m]$$

とおくと，$\boldsymbol{X} \in G_i$ に対して，

$$\boldsymbol{Z} = \boldsymbol{A}'_m \boldsymbol{X}, \quad \boldsymbol{\nu}_i \equiv E(\boldsymbol{Z}) = \boldsymbol{A}'_m \boldsymbol{\mu}_i, \quad V(\boldsymbol{Z}) = \boldsymbol{A}'_m \boldsymbol{\Sigma} \boldsymbol{A}_m$$

である．したがって，観測値 $\boldsymbol{x}$ が与えられたとき，$\boldsymbol{z} = \boldsymbol{A}'_m \boldsymbol{x}$ と $\boldsymbol{\nu}_i$ との距離を分散共分散の大きさを考慮したマハラノビスの平方距離 (p.16 参照)

$$\Delta_i^2 = (\boldsymbol{z} - \boldsymbol{\nu}_i)'(\boldsymbol{A}'_m \boldsymbol{\Sigma} \boldsymbol{A}_m)^{-1}(\boldsymbol{z} - \boldsymbol{\nu}_i) \tag{1.14}$$

によって与え，$\boldsymbol{x}$ を $\Delta_1^2, \Delta_2^2, \ldots, \Delta_k^2$ が最小となる群 G_j に判別する．

1.3 線形判別関数と 2 次判別関数

前節の確率密度関数 $f(\boldsymbol{x})$ が多変量正規分布で与えられる場合について考えてみよう．一般に p 変量正規分布の確率密度関数は，確率ベクトル $\boldsymbol{x}$ および平均ベクトル $\boldsymbol{\mu}$，分散共分散行列 $\boldsymbol{\Sigma}$ を

$$\boldsymbol{x} = \begin{bmatrix} x_1 \\ x_2 \\ \vdots \\ x_p \end{bmatrix}, \quad \boldsymbol{\mu} = \begin{bmatrix} \mu_1 \\ \mu_2 \\ \vdots \\ \mu_p \end{bmatrix}, \quad \boldsymbol{\Sigma} = \begin{bmatrix} \sigma_{11} & \sigma_{12} & \cdots & \sigma_{1p} \\ \sigma_{21} & \sigma_{22} & \cdots & \sigma_{2p} \\ \vdots & \vdots & \ddots & \vdots \\ \sigma_{p1} & \sigma_{p2} & \cdots & \sigma_{pp} \end{bmatrix}$$

とするとき，つぎのように与えられる．

$$f(\boldsymbol{x}) = \frac{1}{(2\pi)^{p/2}|\boldsymbol{\Sigma}|^{1/2}} \exp\left\{-\frac{1}{2}(\boldsymbol{x} - \boldsymbol{\mu})'\boldsymbol{\Sigma}^{-1}(\boldsymbol{x} - \boldsymbol{\mu})\right\} \tag{1.15}$$

最初に 2 群の正規母集団 G_1 および G_2 がそれぞれ共通の分散共分散行列 $\boldsymbol{\Sigma}$ をもち，異なった平均ベクトル $\boldsymbol{\mu}_1$, $\boldsymbol{\mu}_2$ をもつ場合の判別について考えよう．2 群の確率密度関数 $f_1(\boldsymbol{x}), f_2(\boldsymbol{x})$ がつぎのように与えられているものとする．

$$f_1(\boldsymbol{x}) = \frac{1}{(2\pi)^{p/2}|\boldsymbol{\Sigma}|^{1/2}} \exp\left\{-\frac{1}{2}(\boldsymbol{x}-\boldsymbol{\mu}_1)'\boldsymbol{\Sigma}^{-1}(\boldsymbol{x}-\boldsymbol{\mu}_1)\right\}$$
$$f_2(\boldsymbol{x}) = \frac{1}{(2\pi)^{p/2}|\boldsymbol{\Sigma}|^{1/2}} \exp\left\{-\frac{1}{2}(\boldsymbol{x}-\boldsymbol{\mu}_2)'\boldsymbol{\Sigma}^{-1}(\boldsymbol{x}-\boldsymbol{\mu}_2)\right\}$$

このとき，最も単純な場合は，2 群からの標本の事前確率が，$\pi_1 = \pi_2 = 1/2$ であり，損失関数が $w_{(1|2)} = w_{(2|1)} = 1$ である場合，2 群のベイズ判別領域 R_1, R_2 は (1.3) より，つぎのように得られる．

$$R_1 = \{\boldsymbol{x} \mid f_1(\boldsymbol{x}) \geq f_2(\boldsymbol{x})\}$$
$$R_2 = \{\boldsymbol{x} \mid f_1(\boldsymbol{x}) < f_2(\boldsymbol{x})\} \tag{1.16}$$

すなわち，R_1 と R_2 の境界は

$$\ell(\boldsymbol{x}) = \{\boldsymbol{x} \mid f_1(\boldsymbol{x}) = f_2(\boldsymbol{x})\}$$

によって与えられる．これは

$$\frac{f_1(\boldsymbol{x})}{f_2(\boldsymbol{x})} = 1 \quad \Leftrightarrow \quad \log\frac{f_1(\boldsymbol{x})}{f_2(\boldsymbol{x})} = 0$$

と同値である．これに p 変量正規分布の確率密度関数を代入すると，密度関数の比はつぎのようになる．

$$\begin{aligned}\log\frac{f_1(\boldsymbol{x})}{f_2(\boldsymbol{x})} &= \log\frac{\dfrac{1}{(2\pi)^{p/2}|\boldsymbol{\Sigma}|^{1/2}}\exp\left\{-\dfrac{1}{2}(\boldsymbol{x}-\boldsymbol{\mu}_1)'\boldsymbol{\Sigma}^{-1}(\boldsymbol{x}-\boldsymbol{\mu}_1)\right\}}{\dfrac{1}{(2\pi)^{p/2}|\boldsymbol{\Sigma}|^{1/2}}\exp\left\{-\dfrac{1}{2}(\boldsymbol{x}-\boldsymbol{\mu}_2)'\boldsymbol{\Sigma}^{-1}(\boldsymbol{x}-\boldsymbol{\mu}_2)\right\}} \\ &= -\frac{1}{2}(\boldsymbol{x}-\boldsymbol{\mu}_1)'\boldsymbol{\Sigma}^{-1}(\boldsymbol{x}-\boldsymbol{\mu}_1) + \frac{1}{2}(\boldsymbol{x}-\boldsymbol{\mu}_2)'\boldsymbol{\Sigma}^{-1}(\boldsymbol{x}-\boldsymbol{\mu}_2) \\ &= (\boldsymbol{\mu}_1-\boldsymbol{\mu}_2)'\boldsymbol{\Sigma}^{-1}\boldsymbol{x} - \frac{1}{2}(\boldsymbol{\mu}_1-\boldsymbol{\mu}_2)'\boldsymbol{\Sigma}^{-1}(\boldsymbol{\mu}_1+\boldsymbol{\mu}_2) \qquad (1.17)\end{aligned}$$

したがって，判別境界を表す判別関数は

$$\ell(\boldsymbol{x}) = (\boldsymbol{\mu}_1-\boldsymbol{\mu}_2)'\boldsymbol{\Sigma}^{-1}\boldsymbol{x} - \frac{1}{2}(\boldsymbol{\mu}_1-\boldsymbol{\mu}_2)'\boldsymbol{\Sigma}^{-1}(\boldsymbol{\mu}_1+\boldsymbol{\mu}_2) \tag{1.18}$$

と表すことができる．この $\ell(\boldsymbol{x})$ は $\boldsymbol{x}$ の 1 次 (線形) 関数であり，$\ell(\boldsymbol{x}) \geq 0$ のとき $\boldsymbol{x} \in G_1$，および $\ell(\boldsymbol{x}) < 0$ のとき $\boldsymbol{x} \in G_2$ と判別する．この意味で (1.17)

は線形判別関数 (linear discriminant function) と呼ばれる．

2 群の事前確率や損失関数が異なる場合，すなわち，

$$\pi_1 \neq \pi_2, \quad \pi_1 + \pi_2 = 1, \quad w_{(2|1)} \neq w_{(1|2)}$$

の場合は，

$$c = \frac{\pi_2 w_{(1|2)}}{\pi_1 w_{(2|1)}} \tag{1.19}$$

とおくと，(1.5) より領域 R の分割 $R = R_1 \cup R_2$，$R_1 \cap R_2 = \varnothing$ は

$$\begin{aligned} R_1 &= \left\{ \boldsymbol{x} \;\middle|\; \frac{f_1(\boldsymbol{x})}{f_2(\boldsymbol{x})} \geq c \right\} \\ R_2 &= \left\{ \boldsymbol{x} \;\middle|\; \frac{f_1(\boldsymbol{x})}{f_2(\boldsymbol{x})} < c \right\} \end{aligned} \tag{1.20}$$

と与えられ，判別関数は

$$\ell(\boldsymbol{x}) = (\boldsymbol{\mu}_1 - \boldsymbol{\mu}_2)' \boldsymbol{\Sigma}^{-1} \boldsymbol{x} - \frac{1}{2} (\boldsymbol{\mu}_1 - \boldsymbol{\mu}_2)' \boldsymbol{\Sigma}^{-1} (\boldsymbol{\mu}_1 + \boldsymbol{\mu}_2) - \log c \tag{1.21}$$

となる．この場合においても $\ell(\boldsymbol{x}) \geq 0$ のとき $\boldsymbol{x} \in G_1$，および $\ell(\boldsymbol{x}) < 0$ のとき $\boldsymbol{x} \in G_2$ と判別する．$-\log c$ は定数であるので，$\ell(\boldsymbol{x})$ は $\boldsymbol{x}$ の線形関数である．

分離度 (分散比) に基づく判別においては，多変量正規分布は，平均，分散共分散が存在するので，前節の議論はそのまま成り立つ．すなわち，フィッシャーの線形判別関数 (1.11) は，$\boldsymbol{\Sigma}$ が共通であり，さらに $w_{(2|1)} = w_{(1|2)} = 1$ および $\pi_1 = \pi_2 = 1/2$ であるときは，ベイズ判別規則による線形判別関数 (1.18) と同一である．

つぎに，2 群の正規母集団の平均と分散共分散が異なる場合の判別関数について考えてみよう．2 群の平均ベクトルをそれぞれ $\boldsymbol{\mu}_1$ および $\boldsymbol{\mu}_2$ とし，分散共分散行列をそれぞれ $\boldsymbol{\Sigma}_1$ および $\boldsymbol{\Sigma}_2$ とする．このとき 2 群の確率密度関数は

$$\begin{aligned} f_1(\boldsymbol{x}) &= \frac{1}{(2\pi)^{p/2} |\boldsymbol{\Sigma}_1|^{1/2}} \exp\left\{ -\frac{1}{2} (\boldsymbol{x} - \boldsymbol{\mu}_1)' \boldsymbol{\Sigma}_1^{-1} (\boldsymbol{x} - \boldsymbol{\mu}_1) \right\} \\ f_2(\boldsymbol{x}) &= \frac{1}{(2\pi)^{p/2} |\boldsymbol{\Sigma}_2|^{1/2}} \exp\left\{ -\frac{1}{2} (\boldsymbol{x} - \boldsymbol{\mu}_2)' \boldsymbol{\Sigma}_2^{-1} (\boldsymbol{x} - \boldsymbol{\mu}_2) \right\} \end{aligned}$$

と与えられる．したがって，$\pi_1 = \pi_2 = 1/2$ であり，損失関数が $w_{(1|2)} =$

$w_{(2|1)} = 1$ である場合，(1.17) と同様に 2 群の確率密度関数の比の対数はつぎのように得られる．

$$\begin{aligned}\log \frac{f_1(\boldsymbol{x})}{f_2(\boldsymbol{x})} &= \log \frac{\dfrac{1}{(2\pi)^{p/2}|\boldsymbol{\Sigma}_1|^{1/2}} \exp\left\{-\dfrac{1}{2}(\boldsymbol{x}-\boldsymbol{\mu}_1)'\boldsymbol{\Sigma}_1^{-1}(\boldsymbol{x}-\boldsymbol{\mu}_1)\right\}}{\dfrac{1}{(2\pi)^{p/2}|\boldsymbol{\Sigma}_2|^{1/2}} \exp\left\{-\dfrac{1}{2}(\boldsymbol{x}-\boldsymbol{\mu}_2)'\boldsymbol{\Sigma}_2^{-1}(\boldsymbol{x}-\boldsymbol{\mu}_2)\right\}} \\ &= -\frac{1}{2}(\boldsymbol{x}-\boldsymbol{\mu}_1)'\boldsymbol{\Sigma}_1^{-1}(\boldsymbol{x}-\boldsymbol{\mu}_1) \\ &\quad + \frac{1}{2}(\boldsymbol{x}-\boldsymbol{\mu}_2)'\boldsymbol{\Sigma}_2^{-1}(\boldsymbol{x}-\boldsymbol{\mu}_2) + \frac{1}{2}\log\frac{|\boldsymbol{\Sigma}_2|}{|\boldsymbol{\Sigma}_1|}\end{aligned}$$

これより，判別境界を表す判別関数は

$$\begin{aligned}q(\boldsymbol{x}) &= \frac{1}{2}\boldsymbol{x}'\left(\boldsymbol{\Sigma}_2^{-1} - \boldsymbol{\Sigma}_1^{-1}\right)\boldsymbol{x} + \left(\boldsymbol{\Sigma}_1^{-1}\boldsymbol{\mu}_1 - \boldsymbol{\Sigma}_2^{-1}\boldsymbol{\mu}_2\right)'\boldsymbol{x} \\ &\quad - \frac{1}{2}\left(\boldsymbol{\mu}_1'\boldsymbol{\Sigma}_1^{-1}\boldsymbol{\mu}_1 - \boldsymbol{\mu}_2'\boldsymbol{\Sigma}_2^{-1}\boldsymbol{\mu}_2\right) + \frac{1}{2}\log\frac{|\boldsymbol{\Sigma}_2|}{|\boldsymbol{\Sigma}_1|} = 0 \qquad (1.22)\end{aligned}$$

となる．これは $\boldsymbol{x}$ に関する 2 次関数であり，2 次判別関数 (quadratic discriminant function) と呼ばれている．事前確率や損失関数が一般の場合も (1.19) における c を用いて，2 次判別関数が

$$\begin{aligned}q(\boldsymbol{x}) &= \frac{1}{2}\boldsymbol{x}'\left(\boldsymbol{\Sigma}_2^{-1} - \boldsymbol{\Sigma}_1^{-1}\right)\boldsymbol{x} + \left(\boldsymbol{\Sigma}_1^{-1}\boldsymbol{\mu}_1 - \boldsymbol{\Sigma}_2^{-1}\boldsymbol{\mu}_2\right)'\boldsymbol{x} \\ &\quad - \frac{1}{2}\left(\boldsymbol{\mu}_1'\boldsymbol{\Sigma}_1^{-1}\boldsymbol{\mu}_1 - \boldsymbol{\mu}_2'\boldsymbol{\Sigma}_2^{-1}\boldsymbol{\mu}_2\right) + \frac{1}{2}\log\frac{|\boldsymbol{\Sigma}_2|}{|\boldsymbol{\Sigma}_1|} - \log c = 0 \qquad (1.23)\end{aligned}$$

で与えられ，$q(\boldsymbol{x})$ の値の符号により $\boldsymbol{x}$ が G_1 に属すか，G_2 に属すかを判別する．

分散共分散行列が等しい 2 群の正規母集団の判別に線形判別関数 $\ell(\boldsymbol{x})$ を用いた場合，誤判別の確率がどの程度になるかは比較的簡単に求められる．判別関数の $\boldsymbol{x}$ を正規確率変数 $\boldsymbol{X}$ とすると，$\ell(\boldsymbol{X})$ はある 1 変量確率変数 $Z = \ell(\boldsymbol{X})$ とみなすことができる．一方，正規確率変数の線形結合はまた正規分布であることが知られているので，Z の平均と分散によって分布は一意に定まる．そこで，(1.18) を用いると，$\boldsymbol{X} \in G_1$ のとき，

$$E\{Z \mid G_1\} = (\boldsymbol{\mu}_1 - \boldsymbol{\mu}_2)\boldsymbol{\Sigma}^{-1}\boldsymbol{\mu}_1 - \frac{1}{2}(\boldsymbol{\mu}_1 - \boldsymbol{\mu}_2)'\boldsymbol{\Sigma}^{-1}(\boldsymbol{\mu}_1 + \boldsymbol{\mu}_2)$$
$$= \frac{1}{2}(\boldsymbol{\mu}_1 - \boldsymbol{\mu}_2)'\boldsymbol{\Sigma}^{-1}(\boldsymbol{\mu}_1 - \boldsymbol{\mu}_2) \tag{1.24}$$

$$V\{Z \mid G_1\} = E\{(\boldsymbol{\mu}_1 - \boldsymbol{\mu}_2)'\boldsymbol{\Sigma}^{-1}(\boldsymbol{x} - \boldsymbol{\mu}_1)(\boldsymbol{x} - \boldsymbol{\mu}_1)'\boldsymbol{\Sigma}^{-1}(\boldsymbol{\mu}_1 - \boldsymbol{\mu}_2)\}$$
$$= (\boldsymbol{\mu}_1 - \boldsymbol{\mu}_2)'\boldsymbol{\Sigma}^{-1}E\{(\boldsymbol{x} - \boldsymbol{\mu}_1)(\boldsymbol{x} - \boldsymbol{\mu}_1)'\}\boldsymbol{\Sigma}^{-1}(\boldsymbol{\mu}_1 - \boldsymbol{\mu}_2)$$
$$= (\boldsymbol{\mu}_1 - \boldsymbol{\mu}_2)'\boldsymbol{\Sigma}^{-1}\boldsymbol{\Sigma}\boldsymbol{\Sigma}^{-1}(\boldsymbol{\mu}_1 - \boldsymbol{\mu}_2)$$
$$= (\boldsymbol{\mu}_1 - \boldsymbol{\mu}_2)'\boldsymbol{\Sigma}^{-1}(\boldsymbol{\mu}_1 - \boldsymbol{\mu}_2) \equiv \Delta^2 \tag{1.25}$$

と得られる．ここに現れる Δ^2 はマハラノビスの平方距離 (Mahalanobis squared distance) と呼ばれ，2 つの多変量正規分布間の距離を表すものとして用いられている ($\boldsymbol{\Sigma} = \boldsymbol{I}$ ならば $\boldsymbol{\mu}_1$ と $\boldsymbol{\mu}_2$ の間のユークリッド距離の平方である．一般に非負定値 2 次形式で与えられる距離関数は本質的にユークリッド距離と定義されることもある)．この Δ^2 を用いると，$\boldsymbol{X} \in G_1$ のとき Z は正規分布 $N(\frac{1}{2}\Delta^2,\ \Delta^2)$ に従う．同様に $\boldsymbol{X} \in G_2$ のとき，Z の分布は $N(-\frac{1}{2}\Delta^2,\ \Delta^2)$ となる．したがって，(1.19) における c に対して，判別点を $h = \log c$ とおくと，G_1 からの標本 $\boldsymbol{x}$ を G_2 からのものとする誤判別の確率 $p_{(2|1)}$ はつぎのように計算される．

$$p_{(2|1)} = \int_{-\infty}^{h} \frac{1}{\sqrt{2\pi}\Delta} \exp\left\{-\frac{(z - \frac{1}{2}\Delta^2)^2}{2\Delta^2}\right\}\ dz$$
$$= \int_{-\infty}^{(h-\frac{1}{2}\Delta^2)/\Delta} \frac{1}{\sqrt{2\pi}} \exp\left(-\frac{1}{2}y^2\right)\ dy \tag{1.26}$$

同様に G_2 からの標本 $\boldsymbol{x}$ を G_1 からのものとする誤判別の確率 $p_{(1|2)}$ は

$$p_{(1|2)} = \int_{h}^{\infty} \frac{1}{\sqrt{2\pi}\Delta} \exp\left\{-\frac{(z + \frac{1}{2}\Delta^2)^2}{2\Delta^2}\right\}\ dz$$
$$= \int_{(h+\frac{1}{2}\Delta^2)/\Delta}^{\infty} \frac{1}{\sqrt{2\pi}} \exp\left(-\frac{1}{2}y^2\right)\ dy \tag{1.27}$$

として得られる．

つぎに，k 群の多変量正規母集団 $G_1, G_2, \ldots, G_k$ に関する判別関数について考えてみよう．まず，各群が共通の分散共分散 $\boldsymbol{\Sigma}$ をもつ場合，ベイズ判別規

則から得られる判別関数 (1.7) は

$$\ell_{jh}(\boldsymbol{x}) = \log \frac{f_j(\boldsymbol{x})}{f_h(\boldsymbol{x})}$$
$$= \left\{ \boldsymbol{x} - \frac{1}{2}(\boldsymbol{\mu}_j + \boldsymbol{\mu}_h) \right\}' \boldsymbol{\Sigma}^{-1}(\boldsymbol{\mu}_j - \boldsymbol{\mu}_h) \tag{1.28}$$

となり線形判別関数となることがわかる．このとき，観測値 $\boldsymbol{x}$ に対して，$j \neq h$ なるすべての h について $\ell_{jh} > \log(\pi_h/\pi_j)$ ならば，$\boldsymbol{x} \in G_j$ と判別する．さらに，事前確率がすべて等しく $\pi_1 = \pi_2 = \cdots = \pi_k = 1/k$ ならば，ベイズ判別規則から，$f_j(\boldsymbol{x}) = \max_h\{f_h(\boldsymbol{x})\}$ のとき，$\boldsymbol{x} \in G_j$ と判別する．この意味は，多変量正規分布で分散が共通の場合には，$f_j(\boldsymbol{x}) > f_h(\boldsymbol{x})$ と

$$(\boldsymbol{x} - \boldsymbol{\mu}_j)'\boldsymbol{\Sigma}^{-1}(\boldsymbol{x} - \boldsymbol{\mu}_j) > (\boldsymbol{x} - \boldsymbol{\mu}_h)'\boldsymbol{\Sigma}^{-1}(\boldsymbol{x} - \boldsymbol{\mu}_h)$$

とが同値であるから，$\boldsymbol{x}$ と各平均ベクトル $\boldsymbol{\mu}_i$ とのマハラノビスの平方距離が最小の群へ判別することである．すなわち，$\boldsymbol{x}$ が与えられたとき，

$$\Delta_i^2 = (\boldsymbol{x} - \boldsymbol{\mu}_i)'\boldsymbol{\Sigma}^{-1}(\boldsymbol{x} - \boldsymbol{\mu}_i) \tag{1.29}$$

を求め，$\boldsymbol{x}$ を Δ_1^2, Δ_2^2, $\cdots$, Δ_k^2 の中で最小となる d_j^2 に対応する群 G_j に判別する．

k 群の p 変量正規母集団 $G_1, G_2, \ldots, G_k$ が互いに異なる分散共分散行列をもつ，すなわち，各 G_i が p 変量正規分布 $N_p(\boldsymbol{\mu}_i, \boldsymbol{\Sigma}_i)$ に従う場合，ベイズ判別規則によって与えられる判別関数 (1.7) は 2 群の場合と同様につぎのような 2 次の判別関数となる．

$$q_{jh}(\boldsymbol{x}) = \frac{1}{2}(\boldsymbol{x} - \boldsymbol{\mu}_h)'\boldsymbol{\Sigma}_h^{-1}(\boldsymbol{x} - \boldsymbol{\mu}_h)$$
$$- \frac{1}{2}(\boldsymbol{x} - \boldsymbol{\mu}_j)'\boldsymbol{\Sigma}_j^{-1}(\boldsymbol{x} - \boldsymbol{\mu}_j) + \frac{1}{2}\log\frac{|\boldsymbol{\Sigma}_j|}{|\boldsymbol{\Sigma}_h|} \tag{1.30}$$

判別規則は線形の場合と同様であり，$j \neq h$ なるすべての h について $q_{jh} > \log(\pi_h/\pi_j)$ ならば，$\boldsymbol{x} \in G_j$ と判別する．

chapter 2

多変量正規母集団からの標本に基づく判別関数

一般に観測データが多変量正規母集団からの標本か否かは検定問題として扱われるが，ここでは厳密に検定手続きをしてもよいが，多くの場合，異常値にさえ気を付けていれば，多変量正規母集団からの標本とみなして分析される．そこで，いま群の個数を k とし，g 番目の群から大きさ n_g の標本が得られているものとする．多変量正規母集団が仮定されているので，母集団のパラメータ (平均ベクトルと分散共分散行列) を標本から推定し，それを前章で述べた判別関数に代入 (差し込み (plug-in) 法と呼ばれている) することにより，判別関数を得ることができる．g 群からの標本を

$$\boldsymbol{x}_1^{(g)},\ \boldsymbol{x}_2^{(g)}, \ldots,\ \boldsymbol{x}_{n_g}^{(g)}, \quad g = 1, 2, \ldots, k \tag{2.1}$$

と表すことにすると，g 群の標本平均ベクトル $\bar{\boldsymbol{x}}^{(g)}$ および標本分散共分散行列 $\boldsymbol{S}_g$ はつぎのように得られる．

$$\bar{\boldsymbol{x}}^{(g)} = \frac{1}{n_g}\sum_{i=1}^{n_g} \boldsymbol{x}_i^{(g)}, \quad \boldsymbol{S}_g = \frac{1}{(n_g - 1)}\sum_{i=1}^{n_g}\left(\boldsymbol{x}_i^{(g)} - \bar{\boldsymbol{x}}^{(g)}\right)\left(\boldsymbol{x}_i^{(g)} - \bar{\boldsymbol{x}}^{(g)}\right)' \tag{2.2}$$

2.1 共通の分散共分散行列をもつ正規母集団からの標本

2.1.1 2群の場合の判別関数

2群の場合には正規母集団の標本平均を $\bar{\boldsymbol{x}}^{(1)}$, $\bar{\boldsymbol{x}}^{(2)}$ とすると，共通の標本分散共分散行列 $\boldsymbol{S}$ はつぎのように得られる．

$$\boldsymbol{S} = \frac{1}{n_1 + n_2 - 2}\{(n_1 - 1)\boldsymbol{S}_1 + (n_2 - 1)\boldsymbol{S}_2\} \tag{2.3}$$

したがって，(1.18) で与えられる判別関数は $c=\pi_2 w_{(1|2)}/\pi_1 w_{(2|1)}=1$ のとき，

$$\hat{\ell}(\boldsymbol{x})=\left(\bar{\boldsymbol{x}}^{(1)}-\bar{\boldsymbol{x}}^{(2)}\right)'\boldsymbol{S}^{-1}\boldsymbol{x}-\frac{1}{2}\left(\bar{\boldsymbol{x}}^{(1)}-\bar{\boldsymbol{x}}^{(2)}\right)'\boldsymbol{S}^{-1}\left(\bar{\boldsymbol{x}}^{(1)}+\bar{\boldsymbol{x}}^{(2)}\right) \tag{2.4}$$

であり，$c\neq 1$ ならば，(1.21) から

$$\hat{\ell}(\boldsymbol{x})=\left(\bar{\boldsymbol{x}}^{(1)}-\bar{\boldsymbol{x}}^{(2)}\right)'\boldsymbol{S}^{-1}\boldsymbol{x}-\frac{1}{2}\left(\bar{\boldsymbol{x}}^{(1)}-\bar{\boldsymbol{x}}^{(2)}\right)'\boldsymbol{S}^{-1}\left(\bar{\boldsymbol{x}}^{(1)}+\bar{\boldsymbol{x}}^{(2)}\right)-\log c \tag{2.5}$$

が得られる．$w_{(1|2)}$ や $w_{(2|1)}$ は標本データから推定されるものではないが，π_1,π_2 の推定量として，

$$\hat{\pi}_1=\frac{n_1}{n_1+n_2},\quad \hat{\pi}_2=\frac{n_2}{n_1+n_2} \tag{2.6}$$

が用いられる．

分散比に基づくフィッシャーの線形判別関数は，$c=1$ の場合には (1.11) から，

$$\hat{\ell}(\boldsymbol{x})=\left(\bar{\boldsymbol{x}}^{(1)}-\bar{\boldsymbol{x}}^{(2)}\right)'\boldsymbol{S}^{-1}\boldsymbol{x}-\frac{1}{2}\left(\bar{\boldsymbol{x}}^{(1)}-\bar{\boldsymbol{x}}^{(2)}\right)'\boldsymbol{S}^{-1}\left(\bar{\boldsymbol{x}}^{(1)}+\bar{\boldsymbol{x}}^{(2)}\right) \tag{2.7}$$

が得られる．これはベイズ判別規則の $c=1$ の場合の (2.4) と同一である．

2.1.2　標本判別関数の分布

2 群の多変量正規母集団からの標本に基づく線形判別関数 (2.4) は標本判別関数というべきもので，母集団の判別関数の推定量である．したがって，$\hat{\ell}(\boldsymbol{x})$ は統計量であり，その分布が考えられる．この分布を具体的に知ることによって，将来の予測などに利用することができるものと思われるが，これは極めて複雑な分布になっているため，それをうまく活用することは，現状では無理がある．$\hat{\ell}(\boldsymbol{x})$ の具体的な分布は Wald(1944), Anderson(1951), Sitgreaves(1952) によって求められている．予測に関しては誤判別の確率の評価が問題となるのでそれについては後述する．

標本判別関数 (2.4) の一致性に関しては，問題なく確かめることができる．2 群の多変量正規母集団を $G_1 : N(\boldsymbol{\mu}_1,\boldsymbol{\Sigma})$ および $G_2 : N(\boldsymbol{\mu}_2,\boldsymbol{\Sigma})$ とするとき，G_1 および G_2 からそれぞれサイズ n_1 および n_2 の無作為標本が得られているとすると，標本平均 $\bar{\boldsymbol{X}}^{(1)}$, $\bar{\boldsymbol{X}}^{(2)}$ および標本分散共分散行列 $\boldsymbol{S}$ に関しては，

$$\operatorname*{plim}_{n_1\to\infty} \bar{\boldsymbol{X}}^{(1)} = \boldsymbol{\mu}_1, \quad \operatorname*{plim}_{n_2\to\infty} \bar{\boldsymbol{X}}^{(2)} = \boldsymbol{\mu}_2$$

さらに，

$$\operatorname*{plim}_{n_1,n_2\to\infty} \boldsymbol{S} = \boldsymbol{\Sigma}$$

が知られている．また，$\boldsymbol{S}^{-1}$ は $\boldsymbol{S}$ の可測関数と考えられるので，

$$\operatorname*{plim}_{n_1,n_2\to\infty} \boldsymbol{S}^{-1} = \boldsymbol{\Sigma}^{-1}$$

である．したがって，これらの単純な演算に関しては有理関数の分母が 0 にならない限り，確率収束は保証されるので，

$$\operatorname*{plim}_{n_1,n_2\to\infty} \boldsymbol{S}^{-1}\left(\bar{\boldsymbol{X}}^{(1)} - \bar{\boldsymbol{X}}^{(2)}\right) = \boldsymbol{\Sigma}^{-1}(\boldsymbol{\mu}_1 - \boldsymbol{\mu}_2)$$

$$\operatorname*{plim}_{n_1,n_2\to\infty} \left(\bar{\boldsymbol{X}}^{(1)} + \bar{\boldsymbol{X}}^{(2)}\right)' \boldsymbol{S}^{-1}\left(\bar{\boldsymbol{X}}^{(1)} - \bar{\boldsymbol{X}}^{(2)}\right) = (\boldsymbol{\mu}_1 + \boldsymbol{\mu}_2)'\boldsymbol{\Sigma}^{-1}(\boldsymbol{\mu}_1 - \boldsymbol{\mu}_2)$$

が得られる．したがって，

$$\operatorname*{plim}_{n_1,n_2\to\infty} \hat{\ell}(\boldsymbol{X}) = \ell(\boldsymbol{X})$$

を示すことができ，$\hat{\ell}(\boldsymbol{X})$ の一致性が得られる (Wald, 1944).

2.1.3 誤判別確率の評価

判別分析において誤判別の確率を推定あるいは予測しておくことは，実際の応用においては極めて重要である．それは，得られた判別関数を用いて物事を決定する場合の指標となるものである．標本サイズが十分大きくとれる場合には，観測標本を学習データとテストデータに分割して，学習データを用いて判別関数を構成し，構成した判別関数を用いてテストデータを判別することにより誤判別の確率を推定する．これはあくまでもデータ依存ではあるが，データの分割の仕方がランダムであれば，誤判別の確率の予測値になり得る．この方法は従来から行われている 10–ホールド法やジャックナイフ法と同様である．10–ホールド法とはデータの 1 割をとっておき，残りの 9 割のデータを用いて判別関数を構成し，とっておいた 1 割のデータで予測を行う，さらにその 1 割のと

り方をランダムに変更して誤判別を予測しようというものである．この1割を1個としたのがジャックナイフ法 (1つ取って置き法) と呼ばれているものである．

観測データに p 変量正規分布を仮定できるならば，データに依存しない誤判別の確率の推定法がいろいろ提案されている．いま線形判別関数 (2.4) または (2.5) について考えると，$\hat{\ell}(\boldsymbol{X})$ 自体が統計量すなわち確率変数であるから，これを $W \equiv \hat{\ell}(\boldsymbol{x})$ とおくと，n_1, n_2 が十分大きいとき，

$$\begin{cases} \boldsymbol{X} \in G_1 \text{のとき：} W \sim N_p\left(\dfrac{1}{2}\Delta^2,\ \Delta^2\right) \\ \boldsymbol{X} \in G_2 \text{のとき：} W \sim N_p\left(-\dfrac{1}{2}\Delta^2,\ \Delta^2\right) \end{cases}$$

である．ここに Δ^2 はマハラノビスの平方距離である．したがって，判別を (2.5) に従う，すなわち，$W \geq \omega = \log c$ ならば $\boldsymbol{x} \in G_1$，$W < \omega$ ならば $\boldsymbol{x} \in G_2$ として行うならば，誤判別の確率 $\hat{p}_{(2|1)}$ は

$$\hat{p}_{(2|1)} = P\{W < u \mid G_1\} = \Phi\left(\frac{\omega - \Delta^2/2}{\Delta}\right)$$

$$\hat{p}_{(1|2)} = P\{W \geq u \mid G_2\} = \Phi\left(-\frac{\omega + \Delta^2/2}{\Delta}\right)$$

となる．ここに，$\Phi(\cdot)$ は標準正規分布の分布関数とする．しかし，現実には十分大きな n_1, n_2 とはどれくらいか不明であるし，いずれにしても有限であるから，W の分布は正規分布からずれが生じる．そこで，誤判別の確率の漸近展開を用いて修正を行っている．$n = n_1 + n_2 - 2$ とおくとき，Okamoto(1963) は W の分布の漸近近似を n^{-2} のオーダーまで行っており，さらに Siotani and Wang(1977) は n^{-3} のオーダーまでの漸近近似を行っている．

判別関数 W を用いて ω を判別境界点として判別を行うものとし，$\phi(\cdot)$ を標準正規分布の確率密度関数とする．マハラノビスの平方距離 Δ^2 は既知とすると，$n_1 \to \infty$, $n_2 \to \infty$ であり，かつ $n_1/n_2 \to a$ (正の定数) とし，$n = n_1 + n_2 - 2$ とするとき，

$$
\begin{aligned}
&P\left\{\frac{W-\frac{1}{2}\Delta^2}{\Delta}\leq u\,\middle|\,G_1\right\}\\
&=\Phi(u)-\phi(u)\left[\frac{1}{2n_1\Delta^2}\{u^3+(p-3)u-p\Delta\}\right.\\
&\quad+\frac{1}{2n_2\Delta^2}\{u^3+2\Delta u^2+(p-3+\Delta^2)u+(p-2)\Delta\}\\
&\quad\left.+\frac{1}{4n}\{4u^3+4\Delta u^2+(6p-6+\Delta^2)u+2(p-1)\Delta\}\right]\\
&\quad+O(n^{-2})
\end{aligned}
$$

および

$$
\begin{aligned}
&P\left\{-\frac{W+\frac{1}{2}\Delta^2}{\Delta}\leq u\,\middle|\,G_2\right\}\\
&=\Phi(u)-\phi(u)\left[\frac{1}{2n_2\Delta^2}\{u^3+(p-3)u-p\Delta\}\right.\\
&\quad+\frac{1}{2n_1\Delta^2}\{u^3+2\Delta u^2+(p-3+\Delta^2)u+(p-2)\Delta\}\\
&\quad\left.+\frac{1}{4n}\{4u^3+4\Delta u^2+(6p-6+\Delta^2)u+2(p-1)\Delta\}\right]\\
&\quad+O(n^{-2})
\end{aligned}
$$

が得られている．ここに u はそれぞれ $u=(\omega-\frac{1}{2}\Delta^2)/\Delta$ および $u=-(\omega+\frac{1}{2}\Delta^2)/\Delta$ であり，$\omega=0$ すなわち $c=1$ ならば，$u=-\Delta/2$ である．

一般には，Δ^2 は未知であるから，その推定量として

$$
D^2=\left(\bar{\boldsymbol{x}}^{(1)}-\bar{\boldsymbol{x}}^{(2)}\right)'\boldsymbol{S}^{-1}\left(\bar{\boldsymbol{x}}^{(1)}-\bar{\boldsymbol{x}}^{(2)}\right)
$$

が自然に考えられる．このとき，

$$
E(D^2)=\frac{n_1+n_2-2}{(n_1+n_2-2)-p-1}\left\{\Delta^2+p\left(\frac{1}{n_1}+\frac{1}{n_2}\right)\right\}
$$

が知られている．確かに，$n_1,n_2\to\infty$ ならば，

$$
E(D^2)=\Delta^2
$$

であることがわかる．これを用いると，$n=n_1+n_2-2\to\infty$ のとき，

$n_1/n_2 \to a$ (正の定数) とするならば，つぎの近似が知られている (Anderson, 1973).

$$P\left\{\frac{W-\frac{1}{2}D^2}{D} \le u \,\middle|\, G_1\right\}$$
$$= \Phi(u) - \phi(u)\left[\frac{1}{n_1}\left(\frac{u}{2} - \frac{p-1}{D}\right) + \frac{1}{n}\left\{\frac{u^3}{4} + \left(p - \frac{3}{4}\right)u\right\}\right]$$
$$+ O(n^{-2}) \tag{2.8}$$

$$P\left\{-\frac{W+\frac{1}{2}D^2}{D} \le u \,\middle|\, G_2\right\}$$
$$= \Phi(u) - \phi(u)\left[\frac{1}{n_2}\left(\frac{u}{2} - \frac{p-1}{D}\right) + \frac{1}{n}\left\{\frac{u^3}{4} + \left(p - \frac{3}{4}\right)u\right\}\right]$$
$$+ O(n^{-2}) \tag{2.9}$$

誤判別の確率の近似 (2.9) において，多くの場合 $u < 0$ での評価，すなわち $\Phi(u)$ の値が十分小さいところの評価が問題となるが，このとき，(2.9) の修正項は符号が正となるので，単純な正規近似より過小評価する傾向にある．

また，(2.9) を用いると，判別点を適当に決めることによって誤判別の確率を調整することができる (Anderson, 1973)．いま，(2.9) の誤判別の確率を α としたいものとする．u_0 を $\Phi(u_0) = \alpha$ を満たす点とし，

$$u = u_0 - \frac{1}{n}\left(\frac{p-1}{D} - \frac{1}{2}u_0\right) + \frac{1}{n}\left\{\left(p - \frac{3}{4}\right)u_0 + \frac{1}{4}u_0^3\right\}$$

とおくと，$n_1 \to \infty, n_2 \to \infty$ であり，かつ $n_1/n_2 \to a$ (正の定数) とするならば，

$$P\left\{\frac{W-\frac{1}{2}D^2}{D} \le u \,\middle|\, G_1\right\} = \alpha + O(n^{-2})$$

が示されている．

2.1.4 線形判別関数の数値計算例

ここではピーマ族の女性の糖尿病に関する検査結果から，非陽性群 (G_1) と陽性群 (G_2) の 2 グループを識別する問題を考えてみよう．データは UCI Machine Learning Repository(Asuncion and Newman, 2007) で公表されて

いる "pima-indians-diabetes.data" を用いた．このデータは 8 変数で標本サイズは 768 である．ここでは最初の 384 個を用いて判別関数を作成し，残りの 384 個で予測を行う．8 変数は表 2.1 のとおりである．線形判別関数を求めるための各群の標本サイズ，および各変数の全体または群ごとの平均を示したものが表 2.2 である．各群の分散共分散行列は共通のものとして，標本から共通の分散共分散行列を推定すると表 2.3 のようになり，この行列を $\boldsymbol{S}$ とする．ベイズ方式による線形判別式 (1.18) または (1.21) より，判別関数の係数ベクトル

$$\boldsymbol{a} = \left(\bar{\boldsymbol{x}}^{(1)} - \bar{\boldsymbol{x}}^{(2)}\right)' \boldsymbol{S}^{-1}$$

および定数項

表 2.1　観測変数

変数名	変数の内容
x_1	妊娠回数
x_2	グルコース負荷試験における 2 時間後の血漿グルコース濃度
x_3	最低血圧 (mmHg)
x_4	三頭筋の厚さ (mm)
x_5	2 時間血清インスリン (μU/ml)
x_6	BMI 値 (weight in kg/(height in m)^2)
x_7	糖尿病の血統に関する機能
x_8	年齢 (年)

表 2.2　各群の標本サイズと平均

群	標本サイズ	x_1	x_2	x_3	x_4	x_5	x_6	x_7	x_8
G_1	239	3.368	109.992	68.310	19.808	67.573	30.275	0.428	30.941
G_2	145	5.014	139.303	70.166	21.117	101.628	35.327	0.582	36.779
全体	384	3.990	121.060	69.010	20.302	80.432	32.183	0.486	33.146

表 2.3　級内分散共分散行列 $\boldsymbol{S}$

	x_1	x_2	x_3	x_4	x_5	x_6	x_7	x_8
x_1	11.015	9.909	5.909	−3.655	−20.934	−0.094	−0.117	19.324
x_2	9.909	879.646	48.674	−13.831	1226.860	21.729	0.958	78.025
x_3	5.909	48.674	371.856	42.954	160.902	32.973	−0.245	50.928
x_4	−3.655	−13.831	42.954	247.095	859.193	41.641	0.899	−28.571
x_5	−20.934	1226.860	160.902	859.193	14507.483	144.491	8.351	−7.835
x_6	−0.094	21.729	32.973	41.641	144.491	60.908	0.085	1.502
x_7	−0.117	0.958	−0.245	0.899	8.351	0.085	0.116	−0.061
x_8	19.324	78.025	50.928	−28.571	−7.835	1.502	−0.061	121.791

$$b = \frac{1}{2}\left(\bar{\boldsymbol{x}}^{(1)} - \bar{\boldsymbol{x}}^{(2)}\right)' \boldsymbol{S}^{-1}\left(\bar{\boldsymbol{x}}^{(1)} + \bar{\boldsymbol{x}}^{(2)}\right)$$

をまとめたものが，表2.4である．このとき，G_1 と G_2 の標本サイズ n_1 および n_2 が異なるので，$n = n_1 + n_2$ として事前確率をそれぞれ $\hat{\pi}_1 = n_1/n$, $\hat{\pi}_2 = n_2/n$ と推定した．また，$w_{(1|2)} = w_{(2|1)} = 1$ とし，これより判別点を $\log c = \log \hat{\pi}_2/\hat{\pi}_1$ として判別を行った．判別関数を求めた 384 個のデータで自分自身を判別した結果が表 2.5 である．一方，得られた線形判別関数を用いて，残りの 384 個のデータを判別した結果が表 2.6 である．前項でのマハラノビスの平方距離を用いて正規性の仮定の下に誤判別の確率を計算してみよう．数値例では，2 群間のマハラノビスの平方距離は

$$\hat{\Delta}^2 = \left(\bar{\boldsymbol{x}}^{(1)} - \bar{\boldsymbol{x}}^{(2)}\right)' \boldsymbol{S}^{-1}\left(\bar{\boldsymbol{x}}^{(1)} - \bar{\boldsymbol{x}}^{(2)}\right) = 1.666$$

であり，$h = \log c = \hat{\pi}_2/\hat{\pi}_1 = -0.499$ とおくと，$(h - \frac{1}{2}\hat{\Delta}^2)/\hat{\Delta} = -1.033$ および $(h + \frac{1}{2}\hat{\Delta}^2)/\hat{\Delta} = 0.258$ となるので，

$$p_{(2|1)} = \int_{-\infty}^{-1.033} \frac{1}{\sqrt{2\pi}} \exp\left(-\frac{1}{2}y^2\right) dy = 0.151$$

$$p_{(1|2)} = \int_{0.258}^{\infty} \frac{1}{\sqrt{2\pi}} \exp\left(-\frac{1}{2}y^2\right) dy = 0.398$$

と得られる．数値例では表 2.5 に学習データの場合，表 2.6 にテストデータの場合の誤判別率を示した．実際の数値との差は，正規性の仮定からの乖離や実験による誤差などが含まれるものと考えられる．

表 2.4 線形判別関数 (2.4) の係数および定数項の値

定数	x_1	x_2	x_3	x_4	x_5	x_6	x_7	x_8
−7.157	−0.114	−0.03	0.008	0.002	0.001	−0.079	−1.229	−0.013

表 2.5 学習データの判別

	$\hat{G}_1$	$\hat{G}_2$	計	誤判別率
$G_1(\hat{\pi}_1 : 0.622)$	207	32	239	0.134
$G_2(\hat{\pi}_2 : 0.378)$	62	83	145	0.428
	269	115	384	0.245

表 2.6 テストデータの判別

	$\hat{G}_1$	$\hat{G}_2$	計	誤判別率
$G_1(\hat{\pi}_1 : 0.622)$	238	23	261	0.088
$G_2(\hat{\pi}_2 : 0.378)$	52	71	123	0.423
	290	94	384	0.215

2.2 共通の分散共分散行列をもつ多群の正規母集団からの標本

2.2.1 多群の場合の判別関数 (正準判別関数)

多群の場合も同様に，すべての $i, j (i \neq j)$ について $w_{(j|i)} = 1$ のとき，$c = \pi_h/\pi_j$ とおくと，(1.7) に対応して，

$$d_{jh}(\boldsymbol{x}) = \left(\bar{\boldsymbol{x}}^{(j)} - \bar{\boldsymbol{x}}^{(h)}\right)' \boldsymbol{S}^{-1}\boldsymbol{x} - \frac{1}{2}\left(\bar{\boldsymbol{x}}^{(j)} - \bar{\boldsymbol{x}}^{(h)}\right)' \boldsymbol{S}^{-1}\left(\bar{\boldsymbol{x}}^{(j)} + \bar{\boldsymbol{x}}^{(h)}\right) - \log c \tag{2.10}$$

で与えられ，$h \neq j$ なるすべての h について $d_{jh}(\boldsymbol{x}) > 0$ ならば $\boldsymbol{x} \in G_j$ と判別される．

一方，正準判別分析においては各群の標本平均および標本分散共分散行列をそれぞれ，$\bar{\boldsymbol{x}}_g$ および $\boldsymbol{S}_g$ とするとき，群全体の平均は，

$$\bar{\boldsymbol{x}} = \frac{1}{n}\sum_{g=1}^{k} n_g \bar{\boldsymbol{x}}^{(g)}, \quad n = n_1 + n_2 + \cdots + n_k$$

であり，級内標本分散共分散行列を $\boldsymbol{S}_W$ および級間標本分散共分散行列を $\boldsymbol{S}_B$ とおくと，それぞれつぎのように得られる．

$$\boldsymbol{W} = (n-k)\boldsymbol{S}_W = \sum_{g=1}^{k}(n_g - 1)\boldsymbol{S}_g$$

$$\boldsymbol{B} = (k-1)\boldsymbol{S}_B = \sum_{g=1}^{k}\left(\bar{\boldsymbol{x}}^{(g)} - \bar{\boldsymbol{x}}\right)\left(\bar{\boldsymbol{x}}^{(g)} - \bar{\boldsymbol{x}}\right)'$$

ここに，$\boldsymbol{W}$ および $\boldsymbol{B}$ はそれぞれ級内偏差平方和積和行列，級間偏差平方和積和行列を表す．したがって，母集団の場合と同様に線形判別関数を

$$Z = \boldsymbol{a}'\boldsymbol{x}$$

とおくとき，$\boldsymbol{a}$ は

$$\eta(\boldsymbol{a}) = \frac{\boldsymbol{a}'\boldsymbol{B}\boldsymbol{a}}{\boldsymbol{a}'\boldsymbol{W}\boldsymbol{a}}$$

を $\boldsymbol{a}'\boldsymbol{W}\boldsymbol{a} = 1$ の下で最大にするものとして求められる．すなわち，$\boldsymbol{a}$ は

$$\boldsymbol{B}\boldsymbol{a} = \lambda\boldsymbol{W}\boldsymbol{a} \tag{2.11}$$

の非零な解 ($\boldsymbol{a} \neq 0$) である．このとき，$\boldsymbol{B}$ の階数については，$\mathrm{rank}(\boldsymbol{B}) \leq \min\{(k-1), p\}$ である．いま $m = \mathrm{rank}(\boldsymbol{B})$ とおくと，行列

$$\boldsymbol{W}^{-1/2}\boldsymbol{B}\boldsymbol{W}^{-1/2} \tag{2.12}$$

は正定値対称行列であり，m 個の固有値を大きい順に $\lambda_1 \geq \lambda_2 \geq \lambda_m$ とし，対応する m 個の固有ベクトルを

$$\hat{\boldsymbol{A}}_m = [\hat{\boldsymbol{a}}_1, \hat{\boldsymbol{a}}_2, \ldots, \hat{\boldsymbol{a}}_m]$$

とおく．これらの固有ベクトルを $\tilde{\boldsymbol{a}}_r'\boldsymbol{S}_W\tilde{\boldsymbol{a}}_r = 1$ となるように基準化したものを $\tilde{\boldsymbol{a}}_r$ とおく，すなわち，

$$\tilde{\boldsymbol{a}}_r = \frac{\hat{\boldsymbol{a}}_r}{\sqrt{\hat{\boldsymbol{a}}_r'\boldsymbol{S}_W\hat{\boldsymbol{a}}_r}}$$

とし，

$$\tilde{\boldsymbol{A}}_m = [\tilde{\boldsymbol{a}}_1, \tilde{\boldsymbol{a}}_2, \ldots, \tilde{\boldsymbol{a}}_m]$$

と表す．これを係数として m 個の正準判別変量

$$\tilde{z}_1 = \tilde{\boldsymbol{a}}_1'\boldsymbol{x},\ \tilde{z}_2 = \tilde{\boldsymbol{a}}_2'\boldsymbol{x}, \ldots,\ \tilde{z}_m = \tilde{\boldsymbol{a}}_m'\boldsymbol{x} \tag{2.13}$$

が得られる．さらに，$\tilde{\boldsymbol{z}}' = [\tilde{z}_1', \tilde{z}_2', \ldots, \tilde{z}_m']$ について，各群の平均値は，

$$\bar{\boldsymbol{z}}^{(g)} = \tilde{\boldsymbol{A}}_m'\bar{\boldsymbol{x}}^{(g)}$$

によって与えられる．したがって判別規則は (1.14) を用いて，

$$\hat{D}_g^2 = \left(\tilde{\boldsymbol{z}} - \bar{\boldsymbol{z}}^{(g)}\right)'\left(\tilde{\boldsymbol{A}}_m'\boldsymbol{S}_W\tilde{\boldsymbol{A}}_m\right)^{-1}\left(\tilde{\boldsymbol{z}} - \bar{\boldsymbol{z}}^{(g)}\right) \tag{2.14}$$

となり，$\hat{D}_1^2, \hat{D}_2^2, \ldots, \hat{D}_k^2$ の中で最小となる $\hat{D}_g^2$ に対応する群 G_g に判別する．

多群の多変量正規母集団からの標本に基づく判別について，母集団分散共分散行列が共通であり，正準判別と同等の条件，すなわち，事前確率が等しく，損失関数がすべて 1 となる条件の下での最適な判別はベイス判別規則から標本 $\boldsymbol{x}$ は

$$\hat{d}_g^2 = \left(\boldsymbol{x} - \bar{\boldsymbol{x}}^{(g)}\right)'\boldsymbol{S}_W^{-1}\left(\boldsymbol{x} - \bar{\boldsymbol{x}}^{(g)}\right) \tag{2.15}$$

を最小にする群へ判別される．この基準と正準判別基準 (2.14) との関係につい

て考えてみよう．行列 (2.12) の $(p-m)$ 個の固有値 0 に対応する固有ベクトルを $\hat{\boldsymbol{a}}_{m+1}, \hat{\boldsymbol{a}}_{m+2}, \ldots, \hat{\boldsymbol{a}}_p$ とし，

$$\hat{\boldsymbol{A}}_r = [\hat{\boldsymbol{a}}_{m+1},\ \hat{\boldsymbol{a}}_{m+2},\ \ldots,\ \hat{\boldsymbol{a}}_p],\ \hat{\boldsymbol{A}} = [\hat{\boldsymbol{A}}_m\ \hat{\boldsymbol{A}}_r]$$

$$\boldsymbol{\Lambda} = \begin{bmatrix} \lambda_1 & 0 & \cdots & 0 \\ 0 & \lambda_2 & \cdots & 0 \\ \vdots & \vdots & \ddots & \vdots \\ 0 & 0 & \cdots & \lambda_m \end{bmatrix}, \quad \tilde{\boldsymbol{\Lambda}} = \begin{bmatrix} \Lambda & 0 \\ 0 & 0 \end{bmatrix}$$

とおくと，

$$\boldsymbol{S}_B[\hat{\boldsymbol{A}}_m,\ \hat{\boldsymbol{A}}_r] = \boldsymbol{S}_W[\hat{\boldsymbol{A}}_m,\ \hat{\boldsymbol{A}}_r]\tilde{\boldsymbol{\Lambda}}$$

$$\begin{bmatrix} \hat{\boldsymbol{A}}'_m \\ \hat{\boldsymbol{A}}'_r \end{bmatrix} \boldsymbol{S}_W[\hat{\boldsymbol{A}}_m,\ \hat{\boldsymbol{A}}_r] = I$$

が成り立つ．したがって，

$$\boldsymbol{S}_W^{-1} = \hat{\boldsymbol{A}}\hat{\boldsymbol{A}}' = [\hat{\boldsymbol{A}}_m,\ \hat{\boldsymbol{A}}_r] \begin{bmatrix} \hat{\boldsymbol{A}}'_m \\ \hat{\boldsymbol{A}}'_r \end{bmatrix} = \hat{\boldsymbol{A}}_m\hat{\boldsymbol{A}}'_m + \hat{\boldsymbol{A}}_r\hat{\boldsymbol{A}}'_r$$

となる．これらを (2.15) に代入すると，

$$\begin{aligned} &\left(\boldsymbol{x} - \bar{\boldsymbol{x}}^{(g)}\right)' \left(\hat{\boldsymbol{A}}_m\hat{\boldsymbol{A}}'_m + \hat{\boldsymbol{A}}_r\hat{\boldsymbol{A}}'_r\right) \left(\boldsymbol{x} - \bar{\boldsymbol{x}}^{(g)}\right) \\ &= \left(\boldsymbol{x} - \bar{\boldsymbol{x}}^{(g)}\right)' \hat{\boldsymbol{A}}_m\hat{\boldsymbol{A}}'_m \left(\boldsymbol{x} - \bar{\boldsymbol{x}}^{(g)}\right) + \left(\boldsymbol{x} - \bar{\boldsymbol{x}}^{(g)}\right)' \hat{\boldsymbol{A}}_r\hat{\boldsymbol{A}}'_r \left(\boldsymbol{x} - \bar{\boldsymbol{x}}^{(g)}\right) \end{aligned} \tag{2.16}$$

一方，

$$[\boldsymbol{S}_B\hat{\boldsymbol{A}}_m,\ \boldsymbol{S}_B\hat{\boldsymbol{A}}_r] = [\boldsymbol{S}_W\hat{\boldsymbol{A}}_m,\ \boldsymbol{S}_W\hat{\boldsymbol{A}}_r]\tilde{\boldsymbol{\Lambda}} = [\boldsymbol{S}_W\hat{\boldsymbol{A}}_m\boldsymbol{\Lambda},\ 0]$$

であるから，$\boldsymbol{S}_B\hat{\boldsymbol{A}}_r = 0$ なる関係にあり，$\boldsymbol{S}_B$ の列ベクトルの張る空間は，

$$\left\{\left(\bar{\boldsymbol{x}}^{(1)} - \bar{\boldsymbol{x}}\right), \left(\bar{\boldsymbol{x}}^{(2)} - \bar{\boldsymbol{x}}\right), \ldots, \left(\bar{\boldsymbol{x}}^{(k)} - \bar{\boldsymbol{x}}\right)\right\}$$

の張る空間と同一であるから，$\hat{\boldsymbol{A}}'_r\left(\bar{\boldsymbol{x}} - \bar{\boldsymbol{x}}^{(g)}\right) = 0$ が成り立つ．したがって，

$$\left(\boldsymbol{x}-\bar{\boldsymbol{x}}^{(g)}\right)'\hat{\boldsymbol{A}}_r\hat{\boldsymbol{A}}_r'\left(\boldsymbol{x}-\bar{\boldsymbol{x}}^{(g)}\right)=(\boldsymbol{x}-\bar{\boldsymbol{x}})'\hat{\boldsymbol{A}}_r\hat{\boldsymbol{A}}_r'(\boldsymbol{x}-\bar{\boldsymbol{x}})$$

より

$$\begin{aligned}&\left(\boldsymbol{x}-\bar{\boldsymbol{x}}^{(g)}\right)'\boldsymbol{S}_W^{-1}(\boldsymbol{x}-\bar{\boldsymbol{x}}_i)\\&=\left(\boldsymbol{x}-\bar{\boldsymbol{x}}^{(g)}\right)'\hat{\boldsymbol{A}}_m\hat{\boldsymbol{A}}_m'\left(\boldsymbol{x}-\bar{\boldsymbol{x}}^{(g)}\right)+(\boldsymbol{x}-\bar{\boldsymbol{x}})'\hat{\boldsymbol{A}}_r\hat{\boldsymbol{A}}_r'(\boldsymbol{x}-\bar{\boldsymbol{x}})\end{aligned}$$

が得られる．上式の右辺の第 2 項は i に依存しないので，左辺を最小にするためには右辺第 1 項を最小にすることに等しい．このことは，$\hat{\boldsymbol{a}}_1,\hat{\boldsymbol{a}}_2,\ldots,\hat{\boldsymbol{a}}_m$ で張られる空間に射影された $\boldsymbol{x}$ と $\bar{\boldsymbol{x}}^{(g)}$ との (外の空間での) 平方距離，すなわち，$\boldsymbol{x}$ を

$$\hat{\boldsymbol{A}}_m'\left(\boldsymbol{x}-\bar{\boldsymbol{x}}^{(g)}\right)$$

の長さを最小にする群 G_g に判別することを意味している．

ここでは判別関数の個数 m は行列 $\boldsymbol{B}$ の階数を用いていたが，実際のデータでは m 個すべてが意味のある判別関数かどうか検討する必要がある．そのための検定として，ウィルクスのラムダ統計量 Λ が用いられている．これは，行列 $\boldsymbol{B}$ と $\boldsymbol{T}=\boldsymbol{W}+\boldsymbol{B}$ に関して，固有方程式

$$\boldsymbol{B}\boldsymbol{b}=\lambda^*\boldsymbol{T}\boldsymbol{b} \tag{2.17}$$

の固有値を大きい順に

$$\lambda_1^*\geq\lambda_2^*\geq\cdots\geq\lambda_m^*$$

とおくとき，

$$\Lambda=\frac{|\boldsymbol{W}|}{|\boldsymbol{T}|}=\prod_{r=1}^{m}(1-\lambda_r^*)$$

と表される．このとき，固有方程式 (2.11) の固有値 λ と (2.17) の固有値 λ^* の間には

$$\lambda_r^*=\frac{\lambda_r}{(1+\lambda_r)} \tag{2.18}$$

なる関係があるので，ここでの λ を用いると Λ は

$$\Lambda=\prod_{r=1}^{m}\frac{1}{1+\lambda} \tag{2.19}$$

と表される．このとき，有効な正準判別関数の個数は s 個である，すなわち，固有方程式 (2.11) に対応する多変量正規母集団での固有値を

$$\zeta_1 \geq \zeta_2 \geq \cdots \geq \zeta_m$$

とするとき，帰無仮説

$$H_s \ : \ \zeta_{s+1} = \zeta_{s+2} = \cdots = \zeta_m = 0, \quad \zeta_1 \geq \zeta_2 \geq \cdots \geq \zeta_s > 0$$

を検定することに相当する．このときの検定統計量として，

$$C_s = -\left(n - 1 - \frac{p+k}{2}\right) \log \left(\prod_{j=s+1}^{m} \frac{1}{1+\lambda_j} \right) \tag{2.20}$$

が知られている．これは n_g がそれぞれ十分大きいとき近似的に自由度 $(p-s)(k-s-1)$ の χ^2–分布に従う．したがって，C_s が χ^2–分布の有意水準に対応するパーセント点より大きければ H_s を棄却することになる．実際には $s = 0, 1, 2, \ldots$ として順に検定を行い，最初に採択されたときの s の値を判別関数の個数として用いる．しかし，塩谷 (1990) にもあるように，厳密にはこの検定は多重検定となっているので，有意水準が厳密に保証されるものではない．

2.2.2 正準判別関数の数値計算例

UCI Machine Learning Repository(Asuncion and Newman, 2007) で公表されているデータを用いて，ガラスの成分や特性からその用途を識別する問

表 2.7 観測変数

変数名	変数の内容
x_1	屈折率
x_2	ナトリウム (Na)
x_3	マグネシウム (Mg)
x_4	アルミニウム (Al)
x_5	ケイ素 (Si)
x_6	カリウム (K)
x_7	カルシウム (Ca)
x_8	バリウム (Ba)
x_9	鉄 (Fe)

x_2 から x_9 はオキサイド中の重量 (%)

題を考えてみよう．このデータ "glass.data" は 9 変数について観測されたものであり，標本サイズは 214 である．表 2.7 に変数の内容が示されている．ここでガラスの用途は 3 群があり，1 群は "フロート製法の窓ガラス"，2 群は "フロート製法されていない窓ガラス"，3 群は "食器やビン類その他のガラス製品" である．各群に関する標本サイズおよび各変数の平均値が表 2.8 に示されている．正準判別関数を求めるために，級内偏差平方和行列および級間偏差平方和行列を求め (表 2.9 および表 2.10)，固有値，固有ベクトルを計算したものが，表 2.11 である．$\min\{(k-1), p\} = 2$ から，正の固有値の個数は 2 以下であことがわかるが，この例では 2 個の固有値が得られ，これらに対応する固有ベクトルが得られている．さらに，これらの固有ベクトル $\hat{\boldsymbol{a}}_r$ を

$$\hat{\boldsymbol{a}}_r' \boldsymbol{S}_W \hat{\boldsymbol{a}}_r = 1, \qquad r = 1, 2$$

表 2.8　各群の標本サイズと平均

	全平均	G_1	G_2	G_3
x_1	1.518	1.519	1.519	1.518
x_2	13.409	13.280	13.112	14.067
x_3	2.685	3.551	3.002	0.734
x_4	1.445	1.171	1.408	1.967
x_5	72.651	72.577	72.598	72.855
x_6	0.497	0.439	0.521	0.559
x_7	8.957	8.794	9.074	9.060
x_8	0.175	0.012	0.050	0.639
x_9	0.057	0.057	0.080	0.023
標本数	214	87	76	51

表 2.9　級内偏差平方和積和行列 $\boldsymbol{W}$

	x_1	x_2	x_3	x_4	x_5	x_6	x_7	x_8	x_9
x_1	0.002	−0.069	−0.208	−0.107	−0.262	−0.119	0.751	0.022	0.007
x_2	−0.069	111.822	13.626	−7.779	−18.286	−32.386	−70.827	8.033	−2.441
x_3	0.094	−82.302	267.023	−73.427	−27.182	11.068	−174.328	−13.717	−1.432
x_4	−0.107	−7.779	−0.477	32.588	−7.801	19.637	−45.579	8.765	0.194
x_5	−0.262	−18.286	−12.303	−7.801	124.964	−21.727	−50.657	−14.769	−1.070
x_6	−0.119	−32.386	11.068	19.637	−21.727	90.068	−64.193	−5.015	−0.038
x_7	0.751	−70.827	−174.328	−45.579	−50.657	−64.193	427.527	−20.650	3.668
x_8	0.022	8.033	−13.717	8.765	−14.769	−5.015	−20.650	38.174	0.412
x_9	0.007	−2.441	−1.432	0.194	−1.070	−0.038	3.668	0.412	1.925

表 2.10　級間偏差平方和積和行列 $\boldsymbol{B}$

	x_1	x_2	x_3	x_4	x_5	x_6	x_7	x_8	x_9
x_1	0.3×10^{-3}	−0.032	0.094	−0.025	−0.010	−0.003	−0.004	−0.023	0.002
x_2	−0.032	30.216	−82.302	21.395	8.881	2.201	2.644	20.214	−1.650
x_3	0.094	−82.302	267.023	−73.427	−27.182	−9.987	−19.697	−61.482	3.919
x_4	−0.025	21.395	−73.427	20.507	7.346	2.970	6.291	16.584	−0.965
x_5	−0.010	8.881	−27.182	7.346	2.819	0.926	1.649	6.390	−0.445
x_6	−0.003	2.201	−9.987	2.970	0.926	0.532	1.357	2.071	−0.067
x_7	−0.004	2.644	−19.697	6.291	1.649	1.357	3.876	3.642	0.023
x_8	−0.023	20.214	−61.482	16.584	6.390	2.071	3.642	14.486	−1.017
x_9	0.002	−1.650	3.919	−0.965	−0.445	−0.067	0.023	−1.017	0.098

表 2.11　固有値と固有ベクトル

固有値	
$\hat{\lambda}_1$	$\hat{\lambda}_2$
2.895	0.134

固有ベクトル	
$\hat{\boldsymbol{a}}_1$	$\hat{\boldsymbol{a}}_2$
−12.891	−14.158
−0.081	0.487
0.025	0.476
−0.139	0.357
−0.073	0.455
−0.054	0.488
−0.016	0.480
−0.037	0.523
0.051	−0.043

表 2.12　基準化された係数 $\tilde{\boldsymbol{a}}_r'\boldsymbol{S}_W\tilde{\boldsymbol{a}}_r=1$

$\tilde{\boldsymbol{a}}_1$	$\tilde{\boldsymbol{a}}_2$
−187.246	−205.658
−1.183	7.079
0.368	6.908
−2.022	5.192
−1.055	6.609
−0.782	7.091
−0.230	6.974
−0.535	7.595
0.746	−0.622

と基準化した $\tilde{\boldsymbol{a}}_r$ が，表 2.12 である．基準化された係数を用いて正準判別変量

$$\tilde{z}_1=\tilde{a}_{11}x_1+\tilde{a}_{21}x_2+\cdots+\tilde{a}_{91}x_9$$

$$\tilde{z}_2=\tilde{a}_{12}x_1+\tilde{a}_{22}x_2+\cdots+\tilde{a}_{92}x_9$$

を計算し，$\tilde{z}_1,\tilde{z}_2$ の各群での平均 $\bar{\boldsymbol{z}}^{(g)}=[\bar{z}_1^g,\bar{z}_2^g]'$ を求めると，

$$\bar{\boldsymbol{z}}^{(1)}=[-380.046,\ 356.478]'$$
$$\bar{\boldsymbol{z}}^{(2)}=[-380.690,\ 355.656]'$$
$$\bar{\boldsymbol{z}}^{(3)}=[-384.257,\ 356.236]'$$

また，$m=\min\{(k-1),p\}$ の場合には，$\tilde{\boldsymbol{A}}_m'\boldsymbol{S}_W\tilde{\boldsymbol{A}}_m=I$ であるから，

$$\begin{aligned}\hat{D}_{ig}^2 &= \left(\tilde{\boldsymbol{z}}_i - \bar{\boldsymbol{z}}^{(g)}\right)' \left(\tilde{\boldsymbol{A}}_m' \boldsymbol{S}_W \tilde{\boldsymbol{A}}_m\right)^{-1} \left(\tilde{\boldsymbol{z}}_i - \bar{\boldsymbol{z}}^{(g)}\right) \\ &= \left(\tilde{\boldsymbol{z}}_i - \bar{\boldsymbol{z}}^{(g)}\right)' \left(\tilde{\boldsymbol{z}}_i - \bar{\boldsymbol{z}}^{(g)}\right)\end{aligned}$$

によって各個体について，$\hat{D}_{i1}^2$，$\hat{D}_{i2}^2$，$\hat{D}_{i3}^2$ を計算しその値が最小となる群に個体 i を割り当てればよい．この結果を (途中省略して) 示したものが，表 2.13 である．表 2.14 にその判別結果をまとめている．

表 **2.13** 各群への割り当て

個体 No.	$\hat{D}_1^2$	$\hat{D}_2^2$	$\hat{D}_3^2$	判別クラス
1	0.544	2.298	24.316	1
2	0.955	1.447	11.230	1
3	0.970	0.079	11.794	2
4	2.726	1.132	19.918	2
5	0.139	0.747	14.789	1
6	2.095	0.726	18.649	2
7	0.352	1.961	16.105	1
8	0.212	1.913	17.376	1
9	1.108	1.954	11.618	1
10	0.164	1.479	16.074	1
11	1.855	0.522	17.695	2
⋮	⋮	⋮	⋮	⋮
203	38.020	30.506	3.799	3
204	29.993	25.128	2.285	3
205	34.378	27.268	2.711	3
206	28.134	23.889	2.252	3
207	29.130	25.508	3.300	3
208	37.016	32.219	4.956	3
209	34.273	26.406	2.926	3
210	34.024	26.449	2.727	3
211	31.774	27.417	3.385	3
212	37.094	29.506	3.529	3
213	29.491	25.458	2.931	3
214	29.265	24.564	2.189	3

表 **2.14** ガラスデータの判別結果

	$\hat{G}_1$	$\hat{G}_2$	$\hat{G}_3$	計	誤判別率
G_1	66	21	0	87	0.241
G_2	21	51	4	76	0.329
G_3	2	6	43	51	0.157
	89	78	47	214	0.252

2.2.3　フィッシャーの線形判別関数と線形回帰判別関数

2 群の判別問題におけるフィッシャーの線形判別関数は，級内分散と級間分散の比を最大にする方法によって得られることを 1.2 節で述べたが，フィッシャーはさらに線形回帰式として同等のものが得られることも示している．この考え方は，後の非線形判別関数としてのニューラルネットワークやサポートベクターマシンなどにおけるモデルの出発点となるものである．それは 2 群を表すダミー変数を目的変数とみなし，その値を 2 値 (0 または 1，あるいは -1 または 1 など) として，多数の説明変数の線形関数 (一般には多変数関数) で近似することによって，判別関数を得ようとするものである．

2 群の p 次元データを $(p \times 1)$ のベクトルで，

$$\boldsymbol{x}_1^{(1)}, \ldots, \boldsymbol{x}_{n_1}^{(1)},\ \boldsymbol{x}_1^{(2)}, \ldots, \boldsymbol{x}_{n_2}^{(2)},\quad \boldsymbol{x}_a^{(g)} \in R^p$$

と表す．フィッシャーは目的変数の値を

$$\begin{aligned} y_a^{(1)} &= \frac{n_2}{n_1+n_2}, \quad a = 1, 2, \ldots, n_1 \\ y_b^{(2)} &= \frac{-n_1}{n_1+n_2}, \quad b = 1, 2, \ldots, n_2 \end{aligned}$$

として，$\boldsymbol{x}$ で y を回帰する線形重回帰モデル

$$y = \beta_0 + \boldsymbol{\beta}'\boldsymbol{x} + \varepsilon$$

によって判別関数を表現した．ここに ε は残差項であり，正規分布 $N(0, \sigma^2)$ に従うものする．観測データから回帰係数 $\beta_0, \boldsymbol{\beta}$ の推定量を求めるため，モデル式にデータを代入すると，$n = n_1 + n_2$ として，

$$y_c^{(g)} = \beta_0 + \sum_{j=1}^{p} \beta_j x_{cj}^{(g)} + \varepsilon_c, \quad g = 1, 2;\ c = 1, 2, \ldots, n_g \tag{2.21}$$

となる．このとき，

$$\sum_{b=1}^{n} \varepsilon_b^2 = \sum_{g=1}^{2} \sum_{c=1}^{n_g} \left(y_c^{(g)} - \beta_0 - \sum_{j=1}^{p} \beta_j x_{cj}^{(g)} \right)^2$$

を最小にする $\hat{\beta}_0$，$\hat{\boldsymbol{\beta}}$ (最小二乗推定量) を求める．そのために，上式を β_0 で微

分して 0 とおくと，β_0 に関する正規方程式

$$\sum_{g=1}^{2}\sum_{c=1}^{n_g}\left(y_c^{(g)}-\beta_0-\sum_{j=1}^{p}\beta_j x_{cj}^{(g)}\right)=0$$

を得る．この方程式を β_0 について解くと，

$$\begin{aligned}(n_1+n_2)\beta_0&=-\sum_{c=1}^{n_1}\left(\sum_{j=1}^{p}\beta_j x_{cj}^{(1)}\right)-\sum_{c=1}^{n_2}\left(\sum_{j=1}^{p}\beta_j x_{cj}^{(2)}\right)\\&=-\sum_{j=1}^{p}\left(n_1\bar{x}_j^{(1)}+n_2\bar{x}_j^{(2)}\right)\end{aligned}$$

となり，

$$\beta_0=-\sum_{j=1}^{p}\beta_j\bar{x}_j=\boldsymbol{\beta}'\bar{\boldsymbol{x}}$$

が得られる，ただし，

$$\bar{\boldsymbol{x}}^{(1)}=\frac{1}{n_1}\sum_{a=1}^{n_1}\boldsymbol{x}_a^{(1)},\quad \bar{\boldsymbol{x}}^{(2)}=\frac{1}{n_2}\sum_{b=1}^{n_2}\boldsymbol{x}_b^{(2)},\quad \bar{\boldsymbol{x}}=\frac{1}{(n_1+n_2)}\left(n_1\bar{\boldsymbol{x}}^{(1)}n_2\bar{\boldsymbol{x}}^{(2)}\right)$$

β_0 をもとの重回帰式 (2.21) に代入するとつぎのようになる．

$$y_c^{(g)}=\sum_{j=1}^{p}\beta_j\left(x_{cj}^{(g)}-\bar{x}_j\right)+\varepsilon_c \tag{2.22}$$

ここで，式を見やすくするため，つぎのようなベクトルと行列を導入する．

$$\boldsymbol{y}=\begin{bmatrix}y_1^{(1)}\\\vdots\\y_{n_1}^{(1)}\\y_1^{(2)}\\\vdots\\y_{n_2}^{(2)}\end{bmatrix},\ \boldsymbol{X}=\begin{bmatrix}\boldsymbol{x}_1^{(1)\prime}\\\vdots\\\boldsymbol{x}_{n_1}^{(1)\prime}\\\boldsymbol{x}_1^{(2)\prime}\\\vdots\\\boldsymbol{x}_{n_2}^{(2)\prime}\end{bmatrix},\ \bar{\boldsymbol{X}}=\begin{bmatrix}\bar{\boldsymbol{x}}'\\\vdots\\\bar{\boldsymbol{x}}'\\\bar{\boldsymbol{x}}'\\\vdots\\\bar{\boldsymbol{x}}'\end{bmatrix},\ \boldsymbol{\beta}=\begin{bmatrix}\beta_1\\\vdots\\\beta_p\end{bmatrix},\ \boldsymbol{\varepsilon}=\begin{bmatrix}\varepsilon_1\\\vdots\\\varepsilon_{n_1}\\\varepsilon_{n_1+1}\\\vdots\\\varepsilon_n\end{bmatrix}$$

これらのベクトルと行列を用いると重回帰式 (2.22) は

$$\boldsymbol{y}=(\boldsymbol{X}-\bar{\boldsymbol{X}})\boldsymbol{\beta}+\boldsymbol{\varepsilon}$$

となる．このとき，回帰係数ベクトル $\boldsymbol{\beta}$ は

$$\boldsymbol{\varepsilon}'\boldsymbol{\varepsilon} = \{\boldsymbol{y} - (\boldsymbol{X} - \bar{\boldsymbol{X}})\boldsymbol{\beta}\}'\{\boldsymbol{y} - (\boldsymbol{X} - \bar{\boldsymbol{X}})\boldsymbol{\beta}\}$$

を最小にする，最小二乗推定量として求められる．このときの正規方程式は上式を $\boldsymbol{\beta}$ で微分して 0 とおくことにより，

$$(\boldsymbol{X} - \bar{\boldsymbol{X}})'(\boldsymbol{X} - \bar{\boldsymbol{X}})\boldsymbol{\beta} = (\boldsymbol{X} - \bar{\boldsymbol{X}})\boldsymbol{y} \tag{2.23}$$

となり，行列式 $|(\boldsymbol{X} - \bar{\boldsymbol{X}})'(\boldsymbol{X} - \bar{\boldsymbol{X}})| \neq 0$ ならば，

$$\hat{\boldsymbol{\beta}} = \{(\boldsymbol{X} - \bar{\boldsymbol{X}})'(\boldsymbol{X} - \bar{\boldsymbol{X}})\}^{-1}(\boldsymbol{X} - \bar{\boldsymbol{X}})\boldsymbol{y}$$

として求まる．このとき重回帰関数

$$\hat{y}(\boldsymbol{x}) = \hat{\boldsymbol{\beta}}'(\boldsymbol{x} - \bar{\boldsymbol{x}}) \tag{2.24}$$

とフィッシャーの線形判別関数 (2.7)

$$L(\boldsymbol{x}) = \left(\bar{\boldsymbol{x}}^{(1)} - \bar{\boldsymbol{x}}^{(2)}\right)' \boldsymbol{S}^{-1}\boldsymbol{x} - \frac{1}{2}\left(\bar{\boldsymbol{x}}^{(1)} - \bar{\boldsymbol{x}}^{(2)}\right)' \boldsymbol{S}^{-1}\left(\bar{\boldsymbol{x}}^{(1)} + \bar{\boldsymbol{x}}^{(2)}\right)$$

との関係を考察するため，正規方程式 (2.23) における左辺の $\boldsymbol{\beta}$ の係数行列を具体的に書き下してみよう．

$$\begin{aligned}
&(\boldsymbol{X} - \bar{\boldsymbol{X}})(\boldsymbol{X} - \bar{\boldsymbol{X}})' \\
&= \sum_{g=1}^{2}\sum_{c=1}^{n_g}\left(\boldsymbol{x}_c^{(g)} - \bar{\boldsymbol{x}}\right)\left(\boldsymbol{x}_c^{(g)} - \bar{\boldsymbol{x}}\right)' \\
&= \sum_{g=1}^{2}\sum_{c=1}^{n_g}\left(\boldsymbol{x}_c^{(g)} - \bar{\boldsymbol{x}}^{(g)} + \bar{\boldsymbol{x}}^{(g)} - \bar{\boldsymbol{x}}\right)\left(\boldsymbol{x}_c^{(g)} - \bar{\boldsymbol{x}}^{(g)} + \bar{\boldsymbol{x}}^{(g)} - \bar{\boldsymbol{x}}\right)' \\
&= \sum_{g=1}^{2}\sum_{c=1}^{n_g}\left(\boldsymbol{x}_c^{(g)} - \bar{\boldsymbol{x}}^{(g)}\right)\left(\boldsymbol{x}_c^{(g)} - \bar{\boldsymbol{x}}^{(g)}\right)' \\
&\quad + n_1\left(\bar{\boldsymbol{x}}^{(1)} - \bar{\boldsymbol{x}}\right)\left(\bar{\boldsymbol{x}}^{(1)} - \bar{\boldsymbol{x}}\right)' + n_2\left(\bar{\boldsymbol{x}}^{(2)} - \bar{\boldsymbol{x}}\right)\left(\bar{\boldsymbol{x}}^{(2)} - \bar{\boldsymbol{x}}\right)' \\
&= \sum_{g=1}^{2}\sum_{c=1}^{n_g}\left(\boldsymbol{x}_c^{(g)} - \bar{\boldsymbol{x}}^{(g)}\right)\left(\boldsymbol{x}_c^{(g)} - \bar{\boldsymbol{x}}^{(g)}\right)' \\
&\quad + \frac{n_1 n_2}{n_1 + n_2}\left(\bar{\boldsymbol{x}}^{(1)} - \bar{\boldsymbol{x}}^{(2)}\right)\left(\bar{\boldsymbol{x}}^{(1)} - \bar{\boldsymbol{x}}^{(2)}\right)'
\end{aligned}$$

となる．一方，右辺はつぎのように計算される．

$$\begin{aligned}(\boldsymbol{X}-\bar{\boldsymbol{X}})'\boldsymbol{y} &= \sum_{g=1}^{2}\sum_{c=1}^{n_g} y_c^{(g)}\left(\boldsymbol{x}_c^{(g)}-\bar{\boldsymbol{x}}\right)\\ &= \frac{n_2}{n_1+n_2}\sum_{c=1}^{n_g}\left(\boldsymbol{x}_c^{(1)}-\bar{\boldsymbol{x}}\right)+\frac{-n_1}{n_1+n_2}\sum_{c=1}^{n_g}\left(\boldsymbol{x}_c^{(2)}-\bar{\boldsymbol{x}}\right)\\ &= \frac{n_1n_2}{n_1+n_2}\left\{\left(\bar{\boldsymbol{x}}^{(1)}-\bar{\boldsymbol{x}}\right)-\left(\bar{\boldsymbol{x}}^{(2)}-\bar{\boldsymbol{x}}\right)\right\}\\ &= \frac{n_1n_2}{n_1+n_2}\left(\bar{\boldsymbol{x}}^{(1)}-\bar{\boldsymbol{x}}^{(2)}\right)\end{aligned}$$

したがって，正規方程式 (2.23) は，

$$\begin{aligned}(n_1+n_2-2)\boldsymbol{S} &= (n_1-1)\boldsymbol{S}_1+(n_2-1)\boldsymbol{S}_2\\ &= \sum_{g=1}^{2}\sum_{c=1}^{n_g}\left(\boldsymbol{x}_c^{(g)}-\bar{\boldsymbol{x}}^{(g)}\right)\left(\boldsymbol{x}_c^{(g)}-\bar{\boldsymbol{x}}^{(g)}\right)'\end{aligned}$$

とおくと，

$$\begin{aligned}&(n_1+n_2-2)\boldsymbol{S}\boldsymbol{\beta}\\ &= \frac{n_1n_2}{n_1+n_2}\left(\bar{\boldsymbol{x}}^{(1)}-\bar{\boldsymbol{x}}^{(2)}\right)\\ &- \frac{n_1n_2}{n_1+n_2}\left(\bar{\boldsymbol{x}}^{(1)}-\bar{\boldsymbol{x}}^{(2)}\right)\left(\bar{\boldsymbol{x}}^{(1)}-\bar{\boldsymbol{x}}^{(2)}\right)'\boldsymbol{\beta}\\ &= \left(\bar{\boldsymbol{x}}^{(1)}-\bar{\boldsymbol{x}}^{(2)}\right)\left\{\frac{n_1n_2}{n_1+n_2}-\frac{n_1n_2}{n_1+n_2}\left(\bar{\boldsymbol{x}}^{(1)}-\bar{\boldsymbol{x}}^{(2)}\right)'\boldsymbol{\beta}\right\}\end{aligned}$$

と表すことができる．この方程式から $\boldsymbol{\beta}$ を求めると，上式の右辺の $\{\cdot\}$ の部分はスカラーになる，すなわち，$(\bar{\boldsymbol{x}}^{(1)}-\bar{\boldsymbol{x}}^{(2)})'\boldsymbol{\beta}$ の部分はスカラーであるから，$\hat{\boldsymbol{\beta}}$ は，

$$\boldsymbol{S}^{-1}\left(\bar{\boldsymbol{x}}^{(1)}-\bar{\boldsymbol{x}}^{(2)}\right)$$

に比例する．したがって，重回帰式 (2.24) は比例定数を C として，

$$C\hat{\boldsymbol{y}}(\boldsymbol{x}) = \left(\bar{\boldsymbol{x}}^{(1)}-\bar{\boldsymbol{x}}^{(2)}\right)'\boldsymbol{S}^{-1}\boldsymbol{x}-\left(\bar{\boldsymbol{x}}^{(1)}-\bar{\boldsymbol{x}}^{(2)}\right)'\boldsymbol{S}^{-1}\bar{\boldsymbol{x}}$$

となり，もし，$n_1=n_2$ ならば，

$$C\hat{\boldsymbol{y}}(\boldsymbol{x}) = \left(\bar{\boldsymbol{x}}^{(1)}-\bar{\boldsymbol{x}}^{(2)}\right)'\boldsymbol{S}^{-1}\boldsymbol{x}-\frac{1}{2}\left(\bar{\boldsymbol{x}}^{(1)}-\bar{\boldsymbol{x}}^{(2)}\right)'\boldsymbol{S}^{-1}\left(\bar{\boldsymbol{x}}^{(1)}+\bar{\boldsymbol{x}}^{(2)}\right)$$

となり，フィッシャーの線形判別関数と定数倍を除いて一致する．

2.2.4 線形回帰判別関数の計算例

2群の線形判別関数の計算例に用いたピーマ族の女性の糖尿病に関するデータについて，フィッシャーのアイディアによって線形回帰関数を用いた判別分析を行ってみよう．前の結果と比較できるように768個の標本を前半の384個と後半の384個に分割して，前半のデータを用いて重回帰関数を作成し，それを用いて後半の結果を判別してみよう．このとき，前半のデータに関する情報(表2.2)により，$n_1 = 239$, $n_2 = 145$ であるから，回帰分析における目的変数 y をつぎのように与える．

$$y_i = \begin{cases} 145/384, & \boldsymbol{x}_i \in G_1 \text{ のとき} \\ -239/384, & \boldsymbol{x}_i \in G_2 \text{ のとき} \end{cases}$$

さらにデータ行列を $\boldsymbol{X}$ (384×8) とし，各変数の平均ベクトルからなる行列を $\bar{\boldsymbol{X}}$ (384×8) とするとき，偏差平方和積和行列 $(\boldsymbol{X} - \bar{\boldsymbol{X}})'(\boldsymbol{X} - \bar{\boldsymbol{X}})$ の値が表2.15である．この行列の逆行列を左から $(\boldsymbol{X} - \bar{\boldsymbol{X}})\boldsymbol{y}$ にかけることによって偏回帰係数が求まる．(表2.16) 重回帰式(2.24)によって，偏回帰係数を求めたデータ(学習データ)を代入して $\hat{y}(\boldsymbol{x})$ の値を計算し，その値が正または負に

表 2.15　偏差平方和積和行列 $(\boldsymbol{X} - \bar{\boldsymbol{X}})$

	x_1	x_2	x_3	x_4
x_1	4451.958	8138.240	2533.042	−1201.792
x_2	8138.240	413563.622	23502.760	−1818.948
x_3	2533.042	23502.760	142359.958	16627.792
x_4	−1201.792	−1818.948	16627.792	94544.958
x_5	−2939.271	558745.057	67168.271	332236.854
x_6	714.131	21663.495	13441.769	16504.094
x_7	−21.864	772.226	−67.689	361.533
x_8	8248.583	45248.646	20432.417	−10223.917

	x_5	x_6	x_7	x_8
x_1	−2939.271	714.131	−21.864	8248.583
x_2	558745.057	21663.495	772.226	45248.646
x_3	67168.271	13441.769	−67.689	20432.417
x_4	332236.854	16504.094	361.533	−10223.917
x_5	5646518.240	70720.853	3662.369	14948.792
x_6	70720.853	25569.807	102.490	3235.063
x_7	3662.369	102.490	46.579	57.690
x_8	14948.792	3235.063	57.690	49599.833

表 **2.16** 偏回帰係数

説明変数	$\hat{\boldsymbol{\beta}}$
x_1	−0.0194006
x_2	−0.0050550
x_3	0.0013517
x_4	0.0002813
x_5	0.0002220
x_6	−0.0133929
x_7	−0.2084384
x_8	−0.0022340

表 **2.17** 学習データの判別

個体 No.	$\hat{y}(\boldsymbol{x}_i)$	判別クラス
1	−0.271	2
2	0.329	1
3	−0.338	2
4	0.368	1
5	−0.540	2
6	0.144	1
7	0.298	1
8	−0.162	2
9	−0.188	2
10	0.353	1
11	0.059	1
12	−0.461	2
13	−0.400	2
14	−0.138	2
15	−0.198	2
⋮	⋮	⋮
371	−0.542	2
372	0.287	1
373	0.222	1
374	0.150	1
375	−0.077	2
376	−0.331	2
377	0.368	1
378	0.174	1
379	−0.354	2
380	−0.001	2
381	0.105	1
382	0.380	1
383	0.148	1
384	0.150	1

表 **2.18** テストデータの判別

個体 No.	$\hat{y}(\boldsymbol{x}_i)$	判別クラス
385	0.226	1
386	0.251	1
387	−0.045	2
388	−0.092	2
389	−0.117	2
390	0.048	1
391	0.180	1
392	−0.398	2
393	0.234	1
394	0.160	1
395	−0.269	2
396	−0.116	2
397	0.131	1
398	0.068	1
399	0.381	1
⋮	⋮	⋮
755	−0.267	2
756	−0.125	2
757	−0.113	2
758	−0.002	2
759	0.125	1
760	−0.454	2
761	0.195	1
762	−0.516	2
763	0.234	1
764	0.014	1
765	0.002	1
766	0.130	1
767	0.023	1
768	0.269	1

表 **2.19** 学習データの判別

	$\hat{G}_1$	$\hat{G}_2$	計	誤判別率
G_1	161	78	239	0.326
G_2	35	110	145	0.241
	196	188	384	0.294

表 **2.20** テストデータの判別

	$\hat{G}_1$	$\hat{G}_2$	計	誤判別率
G_1	197	64	261	0.245
G_2	25	98	123	0.203
	222	162	384	0.232

よってクラス G_1 または G_2 を割り当てる (0 の場合にはどちらかに決める)．すなわち，

$$\begin{cases} \hat{y}(\boldsymbol{x}_i) \geq 0 \text{ ならば } \boldsymbol{x}_i \in G_1 \\ \hat{y}(\boldsymbol{x}_i) < 0 \text{ ならば } \boldsymbol{x}_i \in G_2 \end{cases}$$

$\hat{y}$ の値と判別クラスを割り当てた表の一部を表 2.17 に示した．また，学習データによって得られた判別関数 (重回帰関数)

$$y(\boldsymbol{x}) = \hat{\beta}_0 + \hat{\boldsymbol{\beta}}'\boldsymbol{x}, \quad \hat{\beta}_0 = -\hat{\boldsymbol{\beta}}'\bar{\boldsymbol{x}}$$

を用いて，データの残りの 384 個をテストデータとして，重回帰関数の値 $\hat{y}$ と判別クラスを表 2.18 に示した．これらの判別結果をクロス表にまとめたものが表 2.19，表 2.20 である．ベイズ判別規則による線形判別関数より若干誤判別率が大きいことがわかる．これらの 2 群が共通の分散共分散を有することを仮定することはフィッシャーの (正準) 判別分析でも同様であるが，ベイズ判別規則ではさらに多変量正規分布を仮定している．正準判別分析では分散共分散構造だけであるので，適用範囲はより広範であるが，正規性を仮定した議論のロバスト性 (頑健性) から，この例ではベイズ判別規則の方が多少誤判別が小さい．

2.3 分散共分散行列が異なる正規母集団からの標本

2.3.1 多群の場合の 2 次判別関数の推定

k 個の正規母集団を，

$$G_1:\ N_p(\boldsymbol{\mu}_1, \boldsymbol{\Sigma}_1), \quad G_2:\ N_p(\boldsymbol{\mu}_2, \boldsymbol{\Sigma}_2), \ldots, \quad G_k:\ N_p(\boldsymbol{\mu}_k, \boldsymbol{\Sigma}_k)$$

とし，これらの母集団からの標本が

$$\boldsymbol{x}_1^{(g)},\ \boldsymbol{x}_2^{(g)}, \ldots,\ \boldsymbol{x}_{n_g}^{(g)}, \quad g = 1, 2, \ldots, k$$

と与えられているものとする．このとき，各群の標本平均，標本分散共分散行列がそれぞれ，

$$\bar{\boldsymbol{x}}^{(g)} = \frac{1}{n_g}\sum_{i=1}^{n_g}\boldsymbol{x}_i^{(g)}, \quad \boldsymbol{S}_g = \frac{1}{(n_g-1)}\sum_{i=1}^{n_g}\left(\boldsymbol{x}_i^{(g)} - \bar{\boldsymbol{x}}^{(g)}\right)\left(\boldsymbol{x}_i^{(g)} - \bar{\boldsymbol{x}}^{(g)}\right)'$$

と得られる．このとき，多群の正規母集団のベイズ判別関数 (1.30) に平均ベクトルおよび分散共分散行列の推定値を代入した (plug-in)，

$$\begin{aligned}\hat{q}_{jh}(\boldsymbol{x}) &= \frac{1}{2}\left(\boldsymbol{x} - \bar{\boldsymbol{x}}^{(h)}\right)'\boldsymbol{S}_h^{-1}\left(\boldsymbol{x} - \bar{\boldsymbol{x}}^{(h)}\right)\\ &\quad - \frac{1}{2}\left(\boldsymbol{x} - \bar{\boldsymbol{x}}^{(j)}\right)'\boldsymbol{S}_j^{-1}\left(\boldsymbol{x} - \bar{\boldsymbol{x}}^{(j)}\right) + \frac{1}{2}\log\frac{|\boldsymbol{S}_h|}{|\boldsymbol{S}_j|} \end{aligned} \tag{2.25}$$

を用いてつぎのように判別する．上記の $\hat{q}_{jh}$ の定義から $\hat{q}_{jh} = -\hat{q}_{hj}$ であることがわかる．事前確率の推定値を $\hat{\pi}_j$ $(j = 1, \ldots, k)$ とするとき，判別規則はつぎのように与えられる．

- $j \neq h$ なるすべての h について，$\hat{q}_{jh} > \log(\pi_h/\pi_j)$ ならば，$\boldsymbol{x} \in G_j$ と判別する

与えられた標本について，k 群の標本分散共分散行列 $\boldsymbol{S}_g$ $(g = 1, \ldots, k)$ が共通の分散共分散行列をもつ p 変量正規母集団からの標本であるとみなせるかどうかの検定が Box(1948) によってつぎのように提案されている．各群からの標本サイズを n_g とし，$n = n_1 + n_2 + \cdots + n_k$ とする．全体から推定できる級内標本分散共分散行列を

$$\boldsymbol{S} = \frac{1}{(n-k)}\sum_{g=1}^{k}(n_g - 1)\boldsymbol{S}_g$$

とするとき，

$$M = (n-k)\log|\boldsymbol{S}| - \sum_{g=1}^{k}(n_g - 1)\log|\boldsymbol{S}_g| \tag{2.26}$$

$$\rho = 1 - \frac{2p^2 + 3p - 1}{6(p+1)(k-1)}\left\{\sum_{g=1}^{k}\frac{1}{(n_g - 1)} - \frac{1}{(n-k)}\right\} \tag{2.27}$$

とおくと，帰無仮説 H

- H: 各 $\boldsymbol{S}_g$ は共通の母分散共分散行列をもつ p 変量正規分布からの標本分散共分散行列である

の下で，統計量

$$\rho \times M$$

が漸近的に自由度 $(k-1)p(p+1)$ の χ^2–分布に従う．

この χ^2–検定を用いて，与えられた群の分散共分散行列に関して等質性の検定を行うことができる．

2.3.2 分散共分散行列が異なる場合の数値計算例

正準判別関数の数値計算例で用いた“glass.data”の 3 群について各群が多変量正規分布に従うものと仮定して，各群の分散共分散行列 $\boldsymbol{S}_1$，$\boldsymbol{S}_2$，$\boldsymbol{S}_3$ がそれぞれ等しいかどうかを Box の検定統計量を用いて検定してみよう．そのために，式 (2.26),(2.27) における M および ρ を計算すると，

$$M = 1306.537, \quad \rho = 0.9369857$$

が得られる．この場合の帰無仮説 H_0 は「3 群の多変量正規母集団の分散共分散行列は共通である」ということであり，この仮説の下で検定統計量

$$\chi^2 = \rho \times M = 1224.207, \quad df = 180(\text{自由度})$$

は自由度 180 の χ^2–分布に従う．このとき有意水準の 1%の点は χ^2–分布表から 227.056 であることがわかる．検定統計量の値はこれより十分大きいので，帰無仮説は棄却される．したがって，3 群の正規母集団の分散共分散行列は共通ではないと考えられる．異なる分散共分散をもつものとしたときの判別関数は (2.25) によって与えられる．各群の標本サイズは $n_1 = 87, n_2 = 76, n_3 = 51$ であるから，事前確率の推定値を $\hat{\pi}_1 = 87/214, \hat{\pi}_2 = 76/214, \hat{\pi}_3 = 51/214$ とおく．データ $\boldsymbol{x}_i$ の判別は，$\hat{q}_{12}(\boldsymbol{x}_i)$ および $\hat{q}_{13}(\boldsymbol{x}_i)$，$\hat{q}_{23}(\boldsymbol{x}_i)$ の値で行われるが，これを見やすくするため

$$d_{12}(\boldsymbol{x}_i) = \hat{q}_{12}(\boldsymbol{x}_i) - \log(\hat{\pi}_2/\hat{\pi}_1)$$
$$d_{13}(\boldsymbol{x}_i) = \hat{q}_{13}(\boldsymbol{x}_i) - \log(\hat{\pi}_3/\hat{\pi}_1)$$
$$d_{23}(\boldsymbol{x}_i) = \hat{q}_{23}(\boldsymbol{x}_i) - \log(\hat{\pi}_3/\hat{\pi}_2)$$

として，d_{12}，d_{13}，d_{23} の値とその判別クラスを表 2.21 に示した．すなわち，ここでの判別はつぎのように行われる．

表 2.21 判別関数の値と各群への割り当て

個体 No.	d_{12}	d_{13}	d_{23}	判別クラス
1	2.585	4.751	2.166	1
2	1.574	8.207	6.632	1
3	−0.382	8.513	8.895	2
4	4.414	19.714	15.300	1
5	3.444	11.672	8.228	1
6	2.087	14.526	12.440	1
7	4.077	11.371	7.294	1
8	3.872	11.049	7.178	1
9	2.252	8.017	5.765	1
10	4.871	14.862	9.991	1
11	3.107	15.149	12.043	1
12	4.712	12.379	7.667	1
13	3.133	15.226	12.093	1
14	3.937	14.365	10.428	1
15	4.065	12.082	8.017	1
⋮	⋮	⋮	⋮	⋮
203	−213.284	−250.735	−37.451	3
204	−367.193	−407.737	−40.544	3
205	−214.073	−245.337	−31.264	3
206	−330.248	−365.743	−35.495	3
207	−292.577	−326.220	−33.642	3
208	−849.210	−958.738	−109.528	3
209	−209.114	−243.057	−33.944	3
210	−243.230	−279.416	−36.186	3
211	−337.588	−377.316	−39.728	3
212	−348.001	−408.113	−60.112	3
213	−332.533	−371.323	−38.790	3
214	−354.542	−393.361	−38.819	3

表 **2.22** 分散共分散行列が異なるときの判別結果

	$\hat{G}_1$	$\hat{G}_2$	$\hat{G}_3$	計	誤判別率
G_1	82	4	1	87	0.057
G_2	49	24	3	76	0.684
G_3	1	6	44	51	0.137
	132	34	48	214	0.299

$$\begin{cases} d_{12} > 0 \text{ かつ } d_{13} > 0 & \text{ならば } \boldsymbol{x}_i \in G_1 \\ d_{12} < 0 \text{ かつ } d_{23} > 0 & \text{ならば } \boldsymbol{x}_i \in G_2 \\ d_{13} < 0 \text{ かつ } d_{23} < 0 & \text{ならば } \boldsymbol{x}_i \in G_3 \end{cases}$$

この判別の結果を表 2.22 に表す．この結果，正準判別関数を用いた結果より誤判別は大きくなっている．この理由はまず分散共分散行列の等質性の検定統計量の分布は母集団が多変量正規分布の下で作成されたものであり，母集団分布にかなり敏感であることが知られている．また，判別関数も多変量正規分布の下で作成されたものであり，推定されたパラメータ数に比べて標本サイズがそれほど大きくないことも理由と考えられる．多くの場合，分散共分散行列を共通のものとして，判別関数を求めたほうが妥当な結果が得られるように思われる．

chapter 3

判別関数における変数選択

ここでは，実際のデータ解析においてよく用いられる正準判別関数において，観測データの正規性の下での変数選択問題を AIC 規準を用いて行うことを考えよう．k 群の p 変量データ

$$\boldsymbol{x}_1^{(g)}, \boldsymbol{x}_2^{(g)}, \ldots, \boldsymbol{x}_{n_g}^{(g)}, \quad g = 1, 2, \ldots, k \tag{3.1}$$

が与えられているとき，これらが共通の分散共分散行列をもつ p 変量正規母集団からの標本と仮定しよう．このとき，正準判別関数は (2.13) より，

$$\hat{z}_h = \hat{\boldsymbol{a}}_h' \boldsymbol{x} = a_{1h}x_1 + a_{2h}x_2 + \cdots + a_{ph}x_p$$

として得られているものとする．このとき，$n = n_1 + n_2 + \cdots + n_k < p$ ならば，いかなる状況においても k 個群は完全に分離可能 (誤判別率が 0) であり，判別する意味をなさない．これは極端な場合であるが，判別分析においてもデータの標本サイズを固定するならば，変数の個数 p を増加させることにより，誤判別率は単調に非増加である．これはモデル (判別関数) の観測データへの当てはまりが増加 (非減少) することを意味する．多くの場合，判別関数を求める目的は，観測データを判別することではなく (通常，判別関数を構成する観測データがどの群に属すかは既知である．最近統計的学習の分野では，このデータを学習データと呼ぶ)，新たに観測された群が未知のデータをできる限り正確に判別することである．すなわち，これは新たなデータの属す群を予測することである．予測の立場からすると，モデルのデータへの当てはまりがよすぎると予測誤差が増加することがある．一般にはモデルに含まれるパラメータの個数，線形判別関数の場合にはベクトル $\boldsymbol{a}$ の次元数が多ければ多いほど当て

はまりがよくなる．これは過適合 (over fitting) と呼ばれ，予測に悪影響を及ぼすことがある．これは，多項式モデルをデータに当てはめる場合を考えてみると理解しやすいであろう．つまり多項式の次数を高くすると，すなわち項の数を増やすことになるのでその係数の個数も増加すると，データ数が固定されているならば，すべての点を通る多項式を構成することができる．しかしその曲線の曲率が大きくなるため，新たに観測されたデータに対する予測値が大きく外れることが起こり得る．そのような過適合を防ぐために，線形判別における変数の個数をできる限り減少させることが重要となる．そのためのモデル選択基準として AIC 規準 (Akaike, 1973) が提案されている．AIC 規準はパラメトリックモデル $f(\boldsymbol{x} \mid \boldsymbol{\theta})$ の尤度関数を $L(\boldsymbol{\theta}) = L(\theta_1, \theta_2, \ldots, \theta_m)$ とするとき，$L(\boldsymbol{\theta})$ の最大値，すなわち，$\boldsymbol{\theta}$ の最尤推定値を $\hat{\boldsymbol{\theta}}$ とするとき，

$$AIC_m = -2 \log L(\hat{\boldsymbol{\theta}}) + 2m$$

と表され，AIC を最小とするモデルを採用する．

正準判別分析において，k 群の標本がそれぞれ共通の分散共分散行列をもつ p 変量正規母集団 $N_p(\boldsymbol{\mu}^{(g)}, \boldsymbol{\Sigma})$, $g = 1, 2, \ldots, k$ から得られたものと仮定しよう．このとき，p 変量確率変数 $\boldsymbol{X}$ がつぎのように 2 つの部分に分割されているものとする．

$$\boldsymbol{X} = \begin{bmatrix} \boldsymbol{X}_1 \\ \boldsymbol{X}_2 \end{bmatrix}$$

ここに，$\boldsymbol{X}_1$ は q 次元であり，$\boldsymbol{X}_2$ は $(p-q)$ 次元であるものとする．確率変数の分割に対応して，各母集団の平均ベクトルおよび分散共分散行列が以下のように q 次元の部分と $(p-q)$ 次元の部分に分割されているものとする．

$$\boldsymbol{\mu}^{(g)} = \begin{bmatrix} \boldsymbol{\mu}_1^{(g)} \\ \boldsymbol{\mu}_2^{(g)} \end{bmatrix}, \quad \boldsymbol{\Sigma} = \begin{bmatrix} \boldsymbol{\Sigma}_{11} & \boldsymbol{\Sigma}_{12} \\ \boldsymbol{\Sigma}_{21} & \boldsymbol{\Sigma}_{22} \end{bmatrix}$$

このとき，変数 $\boldsymbol{X}_2$ の部分が冗長である，すなわち判別には寄与しないということを言うことができれば，$\boldsymbol{X}_2$ をモデルから除外することができる．このための必要十分条件がつぎのように与えられている (Fujikoshi, 1985)．すなわち，冗長性の条件は

$$E\{\boldsymbol{X}_2 \mid \boldsymbol{X}_1\ ;\ G_1\} = \cdots = E\{\boldsymbol{X}_2 \mid \boldsymbol{X}_1\ ;\ G_k\} \tag{3.2}$$

この条件は，また，つぎと同値であることが示されている．

$$\boldsymbol{\mu}_2^{(1)} - \boldsymbol{\Sigma}_{21}\boldsymbol{\Sigma}_{11}^{-1}\boldsymbol{\mu}_1^{(1)} = \cdots = \boldsymbol{\mu}_2^{(k)} - \boldsymbol{\Sigma}_{21}\boldsymbol{\Sigma}_{11}^{-1}\boldsymbol{\mu}_1^{(k)} \tag{3.3}$$

標本データ (3.1) に対して，全偏差平方和 $\boldsymbol{T}$，級内偏差平方和 $\boldsymbol{W}$ を，変数の分割に対応してつぎのようにおく．

$$\boldsymbol{W}^{(g)} = (n_g - 1)\boldsymbol{S}_g = \begin{bmatrix} \boldsymbol{W}_{11}^{(g)} & \boldsymbol{W}_{12}^{(g)} \\ \boldsymbol{W}_{21}^{(g)} & \boldsymbol{W}_{22}^{(g)} \end{bmatrix}$$

$$\boldsymbol{W} = \boldsymbol{W}^{(1)} + \cdots + \boldsymbol{W}^{(k)} = \begin{bmatrix} \boldsymbol{W}_{11} & \boldsymbol{W}_{12} \\ \boldsymbol{W}_{21} & \boldsymbol{W}_{22} \end{bmatrix}$$

$$\boldsymbol{T} = \sum_{g=1}^{k}\sum_{j=1}^{n_g}\left(\boldsymbol{x}_j^{(g)} - \bar{x}\right)\left(\boldsymbol{x}_j^{(g)} - \bar{x}\right)' = \begin{bmatrix} \boldsymbol{T}_{11} & \boldsymbol{T}_{12} \\ \boldsymbol{T}_{21} & \boldsymbol{T}_{22} \end{bmatrix}$$

これらを用いると，$\boldsymbol{X}_2$ の冗長性の仮説 (3.3) に対する尤度比基準は，

$$\Lambda = \frac{|\boldsymbol{W}|/|\boldsymbol{W}_{11}|}{|\boldsymbol{T}|/|\boldsymbol{T}_{11}|} = \frac{|\boldsymbol{W}_{22\cdot1}|}{|\boldsymbol{T}_{22\cdot1}|} \tag{3.4}$$

と与えられることより (Rao, 1948)，仮説 (3.3) の AIC 規準を $A(\boldsymbol{X}_2)$ と表すと，変数 $\boldsymbol{X}_2$ をモデルに加えるか否かの規準として

$$A(\boldsymbol{X}_2) = AIC_q - AIC_p = -n\log\left(\frac{|\boldsymbol{W}_{22\cdot1}|}{|\boldsymbol{T}_{22\cdot1}|}\right) - 2(p-q)(k-1) \tag{3.5}$$

を用いることができる．すなわち，$A(\boldsymbol{X}_2) > 0$ ならば $\boldsymbol{X}_2$ をモデルに含めるものとし，$A(\boldsymbol{X}_2) \leq 0$ ならば $\boldsymbol{X}_2$ を冗長なものとしてモデルから除去する．

3.1　変数選択のアルゴリズム

変数が与えられたとき，最適な変数の組を選択するためにはそれらのすべての組合せを確かめてみることが理想的であるが，変数の個数を p とするときすべての組合せの総数は 2^p のオーダーであり，p が 10 以上になるとすべての組合せに対して AIC を求めるのは現実的ではない．そこで，通常つぎのような手順により変数の選択を行う．

① 変数増加法 (forward selection)
② 変数減少法 (backward selection)
③ 変数増減法 (forward-backward selection)
④ 変数減増法 (backward-forward selection)

アルゴリズムの基本的な考え方は，変数増加法では1変数から始めて逐次1変数ずつ AIC を最も減少させるものを追加し，AIC が減少しなくなったときに終了する．変数減少法では p 変量すべてを用いたモデルから始めて1変数ずつ AIC を最も減少させる変数を除去する方法で，AIC が減少しなくなったならば終了する．増加と減少を交互に行うものが，変数増減法と変数減増法であり，1変量から始めるか，p 変量から始めるかが異なる．ここではよく用いられる変数増減法について詳しく述べよう．ここでは変数の個数を p，全標本サイズを n とする．

[手順 **1**] 初期設定

C：現在のモデルに含まれる変数の番号からなる配列

$C[1]=1$：初期値として x_1 を採用する．

[手順 **2**] 変数の追加処理

$nc=\#C$ (C の要素数) とする．

$x_1, x_2, \ldots, x_p$ について，$C[1], C[2], \ldots, C[nc]$ に含まれないすべての x_k について，現在のモデルに x_k を追加したときの AIC の変化量 $A(x_k)$ を計算する．

$$A(x_k) = AIC(\text{現在のモデル}) - AIC(\text{現在のモデルに } x_k \text{を追加})$$

$\max A(x_k) > 0$ ならば x_k をモデルに追加する．追加する変数の番号を $Add = k$ と記憶して手順3へ行く．

$\max A(x_k) \leq 0$ ならば手順4へ行く．

[手順 **3**] 変数の除去処理

現在のモデルに変数 x_k を追加したとき，いままで用いられていた変数 $x_{C[1]}, x_{C[2]}, \ldots, x_{C[nc]}$ を1個ずつ除去したときの AIC の変化量 $A(x_{C[\ell]}), \ell = 1, 2, \ldots, nc$ を計算する．

$$A(x_{C[\ell]}) = AIC(\text{現在のモデル} + x_k - x_{C[\ell]}) - AIC(\text{現在のモデル} + x_k)$$

$\min A(x_{C[\ell]}) < 0$ ならば $x_{C[\ell]}$ をモデルから除去する.
C を更新，すなわち，C に x_k を追加し，$x_{C[\ell]}$ を除去して，手順 2 へ戻る.
$\min A(x_{C[\ell]}) \geq 0$ ならば，C の更新，すなわち，C に x_k を追加し，手順 2 へ戻る.

[手順 **4**] 変数選択の終了
必要な出力をして終了するか，選択された変数を用いた分析処理へ進む.

3.2 変数選択の計算例

共通の分散共分散行列をもつ 2 群の母集団に関する線形判別関数の計算例に用いたデータ “pima-indians-diabetes.data” は糖尿病を発症するか否かの 2 群の判別を 8 変数を用いて行った (表 2.1). このデータについて，フィッシャーの線形判別関数を求めるための変数選択を AIC を規準として変数増減法により実際に行ってみよう. 変数増減法ではまず最初にどの変数でもよいが 1 個変数を与える. 変数の番号づけは任意であるから，ここでは x_1 を選ぶことにする. 変数選択の手順は表 3.1 に示したとおりであるが，変数 x_1 にそれ以外，x_2 から x_8 まで，を追加したとき最も AIC が減少する変数を探索する. ここでは $AIC(x_2)$ が正で最大になるので x_2 を追加する. x_2 が新しく追加されたとき，x_1 が除去の候補となる. x_1 を除去したときの AIC の増減 $AIC(x_1) = 9.5233$ は正であるので，(x_1, x_2) から x_1 を除去しても AIC の減少はないので x_1 は除去されない. さらに，(x_1, x_2) に x_3 から x_8 を追加したときの AIC の増減を調べる. $AIC(x_6)$ が正で最大となるので，x_6 をモデルに追加する. このとき，変数除去の候補となり得るのは，x_1 と x_2 である. それぞれ除去したときの AIC の増減を調べると，いずれの場合にも $AIC(x_1), AIC(x_2)$ は正となり，これらを除去しても AIC の減少はみられないので除去されない. つぎに (x_1, x_2, x_6) に追加する変数の候補 x_3, x_4, x_5, x_7, x_8 について AIC の増減を調べる. $A(x_7)$ のみが正となるのでこの段階で x_7 を追加する. x_7 の追加によって，除去される変数の候補 x_1, x_2, x_6 について AIC の増減を調べる. その結果どの変数についても $A(x_k)$ の値は負となり，どの変数を除去しても AIC は減少しない. そ

表 3.1 変数選択の手順

選択変数	追加候補	$A(x_k)$	除去候補	$A(x_k)$
x_1	x_2	67.5719		
	x_3	−1.7799		
	x_4	−0.8009		
	x_5	−1.9609		
	x_6	32.5242		
	x_7	19.2139		
	x_8	6.4023		
x_1, x_2			x_1	9.5233
x_1, x_2	x_3	−1.9667		
	x_4	−0.6030		
	x_5	−1.9609		
	x_6	19.9743		
	x_7	9.6441		
	x_8	−1.1243		
x_1, x_2, x_6			x_1	9.2870
			x_2	55.0220
x_1, x_2, x_6	x_3	−0.5687		
	x_4	−1.7813		
	x_5	−1.3665		
	x_7	8.3639		
	x_8	−1.1904		
x_1, x_2, x_6, x_7			x_1	11.4273
			x_2	47.4506
			x_6	18.6940
x_1, x_2, x_6, x_7	x_3	−0.9034		
	x_4	−0.9764		
	x_5	−0.1607		
	x_8	−1.3352		

表 3.2 選択された変数

変数名	変数の内容
x_1	妊娠回数
x_2	グルコース負荷試験における 2 時間後の血漿グルコース濃度
x_6	BMI 値 (weight in kg/(height in m)^2)
x_7	糖尿病の血統に関する機能

こで，さらに変数 (x_1, x_2, x_6, x_7) に追加すべき変数があるかどうか調べる．その結果 x_3, x_4, x_5, x_8 のどの変数を追加しても AIC の減少は見られず追加される変数はないので，このステップで変数選択手順は終了する．結果として選択された変数は x_1, x_2, x_6, x_7 の 4 変数であり，その一覧を表 3.2 に示した．選択

表 **3.3**　線形判別関数 (2.4) の係数および定数項の値

定数	x_1	x_2	x_6	x_7
−4.168	−0.137	−0.029	−0.071	−1.169

表 **3.4**　学習データの判別

	$\hat{G}_1$	$\hat{G}_2$	計	誤判別率
$G_1(\hat{\pi}_1 : 0.622)$	207	32	239	0.134
$G_2(\hat{\pi}_2 : 0.378)$	63	82	145	0.434
	270	114	384	0.247

表 **3.5**　テストデータの判別

	$\hat{G}_1$	$\hat{G}_2$	計	誤判別率
$G_1(\hat{\pi}_1 : 0.622)$	243	18	261	0.068
$G_2(\hat{\pi}_2 : 0.378)$	62	61	123	0.504
	305	79	384	0.208

された 4 変数を用いて，フィッシャーの線形判別関数を計算しよう．この 4 変数データに関する基本情報は，前述の表 2.2，表 2.3 で対応する変数の部分を取り出せばよいのでここでは省略する．4 変数の各群の標本平均ベクトル，標本級内分散共分散行列から判別関数の係数および定数項の値を計算したものが，表 3.3 である．これに基づき，判別関数を計算したデータ (学習データ) を判別した結果が表 3.4 である．この結果はすべての変数を用いた場合と比較すると (表 2.5 参照) 誤判別が 1 個だけ増加しており，4 変数の場合とほとんど違わないことがわかる．一般に標本サイズを固定したとき用いる変数の個数を増加させることにより誤判別の確率は単調非増加であることが知られている．したがって変数を減少させると誤判別率は増加するが，AIC 規準が最小であるモデルは誤判別率の増加が最少に抑えられることを示している．一方，変数を減少させることは推定するパラメータの個数を減少させることから，相対的に未知パラメータに対して標本サイズを増加させる効果があり，一般に予測の精度が向上する．それを確かめるために，“pima-indians-diabetes.data” の後半の 384 個をテストデータとして，先に求められた判別関数を用いて判別した結果が，表 3.5 である．8 変数の場合の結果 (表 2.6) と比較すると第 2 群の誤判別率は増加しているものの，全体の誤判別率はわずかに減少していることが確かめられる．

chapter 4

質的データの判別分析

質的データとはいくつかの要因 (アイテム) について，その要因のとり得る値が定性的な値 (カテゴリー) をもつデータである．たとえば，要因が性別という場合そのカテゴリーは男性あるいは女性ということになる．この意味において質的データはアイテム・カテゴリーデータとも呼ばれることがある．さらに質的データに対して，分類を与える外的基準が観測されているとき，分類によって定まる群を識別する判別関数を求める問題を考えよう．この問題は，わが国では林の数量化 II 類として知られているものである．その基本的な考え方は，アイテム・カテゴリーに適当な数値を割り当てることによって，判別に関する各要因の寄与を数量的に評価したり，新たに観測されたアイテム・カテゴリーデータはどの群に最も近いのかを数量的に表現しようということである．その意味において数量化 II 類は要因分析と呼ばれることもある．

アイテム・カテゴリーデータを直感的に理解するため，具体的な例で説明しよう．たとえば，ある携帯電話事業社が自社と携帯電話契約をするための要因分析を行うことを目的として，携帯電話所有者を対象としてつぎのような要因についてアンケート調査を行った．要因としては「携帯端末の価格」および「接続料金」「携帯端末の性能」であり，各要因のカテゴリーとしては「携帯端末の価格」と「接続料金」は「考慮した」と「考慮しない」の 2 つであり,「携帯端末の性能」のカテゴリーは「十分検討した」「一応調べた」「検討しない」の 3 つからなるものとし，携帯電話の所有者が契約をしているのは自社かまたは他社かが外的基準として与えられているものとする．記述を簡単にするため，ここでは自社を 1 および他社を 2 と表す．このとき，アンケートにおいて携帯電話所有者が各要因に対して選んだカテゴリーを 1 で表し，選ばなかったカテゴリーは0で表すこととし，これをまとめたものが表4.1である．この例においては，各要因に対して被質問者はカテゴリーの中のどれか1つを選択するのである．このようなカテゴリーは排反的カテゴリーと呼ばれ，ここでは要因に対するカテゴリーは排反となるように設計されているものとみなして以下の議論を進める．一般にカテゴリカルデータと呼ばれるものは，測定される属性(要因に相当)のとり得る値が有限個の状態や特性を表す記号で表現されるものである．たとえば人の血液型を属性にとるとその値に相当するものは，A型およびB型，AB型，O型と表されている．これをアイテム・カテゴリーデータとして，特に排反的カテゴリーで表現すると，要因が「血液型」でそのカテゴリーとして「A型」および「B型」,「AB型」,「O型」を選ぶと，たとえば，AB型の人は，血液型の要因に対して，(0,0,1,0)なるカテゴリー値で表すことができる．このようにアイテム・カテゴリー表現は特殊なものではなく，一般的なカテゴリカルデータの表現とみなすことができる．1または0で表現することから，バイナリデータ(2値データ)と誤解されることがあるが，バイナリデータはアイテム・カテゴリーデータの特殊な場合と考えられる．

表 4.1 アイテム・カテゴリーデータ

外的基準	標本	要因						
		携帯端末の価格		接続料金		性能		
		考慮した	考慮しない	考慮した	考慮しない	十分検討	一応検討	検討しない
1	1	1	0	1	0	0	0	1
1	2	0	1	0	1	0	0	1
1	3	0	1	0	1	0	1	0
1	4	0	1	1	0	0	0	1
1	5	0	1	1	0	0	1	0
1	6	0	1	1	0	0	0	1
2	1	1	0	1	0	0	1	0
2	2	0	1	1	0	1	0	0
2	3	1	0	0	1	1	0	0
2	4	0	1	0	1	1	0	0
2	5	1	0	1	0	1	0	0

4.1 判別関数の導出

アイテム・カテゴリーデータの具体的な例は表 4.1 に示されているが，ここでは，これを一般的に表現するためにつぎのような記号を導入する．要因数を K，各要因のカテゴリー数を $\ell_1, \ell_2, \ldots, \ell_K$ とし，外的基準によって分類される群の数を M，さらに各群に属す標本数をそれぞれ $n_1, n_2, \ldots, n_M$ と表す．このとき全標本サイズを N とすると

$$N = \sum_{r=1}^{M} n_r$$

である．このとき，アイテム・カテゴリーの値を表現するために，群 r の ν 番目の標本が，要因 i の α 番目のカテゴリーに対してとる値を，

$$\delta_{i(\alpha)}^{r(\nu)} = \begin{cases} 1 : & \text{群 } r \text{ の標本} \nu \text{ が要因 } i \text{ の} \alpha \text{番目のカテゴリーに} \\ & \text{反応した (yes と答えた) とき} \\ 0 : & \text{そうでない (no と答えた) とき} \end{cases}$$

なる 1 または 0 をとる変数 (ダミー変数) で表す．すなわち，具体例に相当する表を一般的にしたものが表 4.2 である．各要因におけるカテゴリーは排反的であることを仮定したので，要因内でカテゴリーの和は 1 となる．

$$\sum_{\alpha=1}^{\ell_i} \delta_{i(\alpha)}^{r(\nu)} = 1, \quad r = 1, \ldots, M;\ \nu = 1, \ldots, n_r;\ i = 1, \ldots, K$$

したがって，全要因数で和をとると常に要因数 K に等しい．

$$\sum_{i=1}^{K} \sum_{\alpha=1}^{\ell_i} \delta_{i(\alpha)}^{r(\nu)} = K \tag{4.1}$$

そこで，いま各アイテム・カテゴリー $i(\alpha)$ にある実数値 $x_{i(\alpha)}$ を割り当て，つぎのような線形モデルを考える．

$$y^{r(\nu)} = \sum_{i=1}^{K} \sum_{\alpha=1}^{\ell_i} \delta_{i(\alpha)}^{r(\nu)} x_{i(\alpha)} \tag{4.2}$$

表 **4.2**　質的データのアイテム・カテゴリー表現

外的基準	標本	要因												
		1				2				$\cdots$	K			
		1	2	$\cdots$	ℓ_1	1	2	$\cdots$	ℓ_2	$\cdots$	1	2	$\cdots$	ℓ_K
1	1	$\delta_{1(1)}^{1(1)}$	$\delta_{1(1)}^{1(2)}$	$\cdots$	$\delta_{1(1)}^{1(\ell_1)}$	$\delta_{1(1)}^{2(1)}$	$\delta_{1(1)}^{2(2)}$	$\cdots$	$\delta_{1(1)}^{2(\ell_2)}$	$\cdots$	$\delta_{1(1)}^{K(1)}$	$\delta_{1(1)}^{K(2)}$	$\cdots$	$\delta_{1(1)}^{K(\ell_K)}$
1	2	$\delta_{1(2)}^{1(1)}$	$\delta_{1(2)}^{1(2)}$	$\cdots$	$\delta_{1(2)}^{1(\ell_1)}$	$\delta_{1(2)}^{2(1)}$	$\delta_{1(2)}^{2(2)}$	$\cdots$	$\delta_{1(2)}^{2(\ell_2)}$	$\cdots$	$\delta_{1(2)}^{K(1)}$	$\delta_{1(2)}^{K(2)}$	$\cdots$	$\delta_{1(2)}^{K(\ell_K)}$
$\vdots$	$\vdots$	$\vdots$	$\vdots$		$\vdots$	$\vdots$	$\vdots$		$\vdots$		$\vdots$	$\vdots$		$\vdots$
1	n_1	$\delta_{1(n_1)}^{1(1)}$	$\delta_{1(n_1)}^{1(2)}$	$\cdots$	$\delta_{1(n_1)}^{1(\ell_1)}$	$\delta_{1(n_1)}^{2(1)}$	$\delta_{1(n_1)}^{2(2)}$	$\cdots$	$\delta_{1(n_1)}^{2(\ell_2)}$	$\cdots$	$\delta_{1(n_1)}^{K(1)}$	$\delta_{1(n_1)}^{K(2)}$	$\cdots$	$\delta_{1(n_1)}^{K(\ell_K)}$
2	1	$\delta_{2(1)}^{1(1)}$	$\delta_{2(1)}^{1(2)}$	$\cdots$	$\delta_{2(1)}^{1(\ell_1)}$	$\delta_{2(1)}^{2(1)}$	$\delta_{2(1)}^{2(2)}$	$\cdots$	$\delta_{2(1)}^{2(\ell_2)}$	$\cdots$	$\delta_{2(1)}^{K(1)}$	$\delta_{2(1)}^{K(2)}$	$\cdots$	$\delta_{2(1)}^{K(\ell_K)}$
2	2	$\delta_{2(2)}^{1(1)}$	$\delta_{2(2)}^{1(2)}$	$\cdots$	$\delta_{2(2)}^{1(\ell_1)}$	$\delta_{2(2)}^{2(1)}$	$\delta_{2(2)}^{2(2)}$	$\cdots$	$\delta_{2(2)}^{2(\ell_2)}$	$\cdots$	$\delta_{2(2)}^{K(1)}$	$\delta_{2(2)}^{K(2)}$	$\cdots$	$\delta_{2(2)}^{K(\ell_K)}$
$\vdots$	$\vdots$	$\vdots$	$\vdots$		$\vdots$	$\vdots$	$\vdots$		$\vdots$		$\vdots$	$\vdots$		$\vdots$
2	n_2	$\delta_{2(n_2)}^{1(1)}$	$\delta_{2(n_2)}^{1(2)}$	$\cdots$	$\delta_{2(n_2)}^{1(\ell_1)}$	$\delta_{2(n_2)}^{2(1)}$	$\delta_{2(n_2)}^{2(2)}$	$\cdots$	$\delta_{2(n_2)}^{2(\ell_2)}$	$\cdots$	$\delta_{2(n_2)}^{K(1)}$	$\delta_{2(n_2)}^{K(2)}$	$\cdots$	$\delta_{2(n_2)}^{K(\ell_K)}$
$\vdots$	$\vdots$	$\vdots$	$\vdots$	$\vdots$	$\vdots$	$\vdots$	$\vdots$	$\vdots$	$\vdots$	$\vdots$	$\vdots$	$\vdots$	$\vdots$	$\vdots$
$\vdots$	$\vdots$	$\vdots$	$\vdots$	$\vdots$	$\vdots$	$\vdots$	$\vdots$	$\vdots$	$\vdots$	$\vdots$	$\vdots$	$\vdots$	$\vdots$	$\vdots$
M	1	$\delta_{M(1)}^{1(1)}$	$\delta_{M(1)}^{1(2)}$	$\cdots$	$\delta_{M(1)}^{1(\ell_1)}$	$\delta_{M(1)}^{2(1)}$	$\delta_{M(1)}^{2(2)}$	$\cdots$	$\delta_{M(1)}^{2(\ell_2)}$	$\cdots$	$\delta_{M(1)}^{K(1)}$	$\delta_{M(1)}^{K(2)}$	$\cdots$	$\delta_{M(1)}^{K(\ell_K)}$
M	2	$\delta_{M(2)}^{1(1)}$	$\delta_{M(2)}^{1(2)}$	$\cdots$	$\delta_{M(2)}^{1(\ell_1)}$	$\delta_{M(2)}^{2(1)}$	$\delta_{M(2)}^{2(2)}$	$\cdots$	$\delta_{M(2)}^{2(\ell_2)}$	$\cdots$	$\delta_{M(2)}^{K(1)}$	$\delta_{M(2)}^{K(2)}$	$\cdots$	$\delta_{M(2)}^{K(\ell_K)}$
$\vdots$	$\vdots$	$\vdots$	$\vdots$		$\vdots$	$\vdots$	$\vdots$		$\vdots$		$\vdots$	$\vdots$		$\vdots$
M	n_2	$\delta_{M(n_M)}^{1(1)}$	$\delta_{M(n_M)}^{1(2)}$	$\cdots$	$\delta_{M(n_M)}^{1(\ell_1)}$	$\delta_{M(n_M)}^{2(1)}$	$\delta_{M(n_M)}^{2(2)}$	$\cdots$	$\delta_{M(n_M)}^{2(\ell_2)}$	$\cdots$	$\delta_{M(n_M)}^{K(1)}$	$\delta_{M(n_M)}^{K(2)}$	$\cdots$	$\delta_{M(n_M)}^{K(\ell_K)}$

このモデルを用いて，アイテム・カテゴリーに実数値 $x_{i(\alpha)}$ を割り当てる基準は直感的にいうと，外的基準によって与えられた群の中では $y^{r(\nu)}$ の値は互いに近い値をとり，異なる群においてはできる限り離れた値をもつようにすることによって，$y^{r(\nu)}$ により各群の判別を行おうとするものである．この考え方は，基本的には 2.2.1 項で述べた正準判別分析の考え方と同様であり，$y^{r(\nu)}$ の級間分散をできる限り大きく，級内分散を小さくするように $x_{i(\alpha)}$ を割り当てることになる．すなわち，$y^{r(\nu)}$ の全標本分散 V_T^2 と標本級間分散 V_B^2 の比 (相関比)η^2 を最大にすることを基準とする．

$$\eta^2 = \frac{V_B^2}{V_T^2} \tag{4.3}$$

そのために V_T^2 および V_B^2 を $x_{i(\alpha)}$ の関数として表現する必要がある．まず，$x_{i(\alpha)}$ が与えられたものとして，$y^{r(\nu)}$ 群 r 内での平均は

$$\begin{aligned}\bar{y}^r &= \frac{1}{n_r}\sum_{\nu=1}^{n_r} y^{r(\nu)} = \frac{1}{n_r}\sum_{\nu=1}^{n_r}\left(\sum_{i=1}^{K}\sum_{\alpha=1}^{\ell_i}\delta_{i(\alpha)}^{r(\nu)}x_{i(\alpha)}\right)\\ &= \sum_{i=1}^{K}\sum_{\alpha=1}^{\ell_i}\left(\frac{1}{n_r}\sum_{\nu=1}^{n_r}\delta_{i(\alpha)}^{r(\nu)}\right)x_{i(\alpha)}\\ &= \sum_{i=1}^{K}\sum_{\alpha=1}^{\ell_i}\bar{\delta}_{i(\alpha)}x_{i(\alpha)}\end{aligned}$$

となる．ただし，

$$\bar{\delta}_{i(\alpha)} \equiv \frac{1}{n_r}\sum_{\nu=1}^{n_r}\delta_{i(\alpha)}^{r(\nu)}$$

とおく．さらに，

$$\bar{\delta}_{i(\alpha)} \equiv \frac{1}{N}\sum_{r=1}^{M} n_r \bar{x}_{i(\alpha)}^r$$

なる記法を用いると，$y^{r(\nu)}$ に関するデータ全体の平均は

$$\bar{y} = \frac{1}{N}\sum_{r=1}^{M} n_r \bar{y}^r = \sum_{i=1}^{K}\sum_{\alpha=1}^{\ell_i}\bar{\delta}_{i(\alpha)}x_{i(\alpha)} \tag{4.4}$$

が得られる．したがって，全分散 V_T^2 は

$$V_T^2 = \frac{1}{N}\sum_{r=1}^{M}\sum_{\nu=1}^{n_r}\left(y^{r(\nu)} - \bar{y}\right)^2$$
$$= \frac{1}{N}\sum_{r=1}^{M}\sum_{\nu=1}^{n_r}\left\{\sum_{i=1}^{K}\sum_{\alpha=1}^{\ell_i}\left(\delta_{i(\alpha)}^{r(\nu)} - \bar{\delta}_{i(\alpha)}\right)x_{i(\alpha)}\right\}^2 \tag{4.5}$$

として与えられ，級間分散 V_B^2 はつぎのように与えられる．

$$V_B^2 = \frac{1}{N}\sum_{r=1}^{M} n_r(\bar{y}^r - \bar{y})^2$$
$$= \frac{1}{N}\sum_{r=1}^{M} n_r\left\{\sum_{i=1}^{K}\sum_{\alpha=1}^{\ell_i}\left(\bar{\delta}_{i(\alpha)}^{r} - \bar{\delta}_{i(\alpha)}\right)x_{i(\alpha)}\right\}^2 \tag{4.6}$$

これらを用いると相関比 η^2 が $x_{i(\alpha)}$ の関数として表現できるので，η^2 を最大にする $x_{i(\alpha)}$ はその極値に含まれるので，η^2 を $x_{j(\beta)}$ で微分して 0 とおくとつぎの方程式が得られる．

$$\frac{\partial V_B^2}{\partial x_{j(\beta)}} = \eta^2\frac{\partial V_T^2}{\partial x_{j(\beta)}}, \quad j = 1, \ldots, K;\ \beta = 1, \ldots, \ell_j$$

上式の両辺を (4.6),(4.5) の関係を用いて計算すると，

$$\sum_{i=1}^{K}\sum_{\alpha=1}^{\ell_i}\left\{\sum_{r=1}^{M} n_r\left(\bar{\delta}_{i(\alpha)}^{r} - \bar{\delta}_{i(\alpha)}\right)\left(\bar{\delta}_{j(\beta)}^{r} - \bar{\delta}_{j(\beta)}\right)\right\}x_{i(\alpha)}$$
$$= \eta^2\sum_{i=1}^{K}\sum_{\alpha=1}^{\ell_i}\left\{\sum_{r=1}^{M}\sum_{\nu=1}^{n_r}\left(\delta_{i(\alpha)}^{r(\nu)} - \bar{\delta}_{i(\alpha)}\right)\left(\delta_{j(\beta)}^{r(\nu)} - \bar{\delta}_{j(\beta)}\right)\right\}x_{i(\alpha)} \tag{4.7}$$

この連立方程式から η^2 を最大にする $x_{i(\alpha)}$ を求める問題は，いわゆる一般化固有値問題となっているが，それを見やすく表現するためにつぎのようなベクトルと行列を用いる．アイテム・カテゴリーに割り当てる実数からなるベクトル $\boldsymbol{x}$ $(L \times 1)$ を

$$\boldsymbol{x}' \equiv \left[\ x_{1(1)}, \ldots, x_{1(\ell_1)},\ x_{2(1)}, \ldots, x_{2(\ell_2)}, \ldots, x_{K(1)}, \ldots, x_{K(\ell_K)}\ \right]$$

とおく．ただし，$L = \ell_1 + \cdots + \ell_K$，すなわちカテゴリーの総数．また，アイテム・カテゴリーの観測データからなる $(N \times L)$ 行列 (表 4.2) を $\boldsymbol{D}$ で表し，

$$\boldsymbol{D} \equiv \left[\delta_{i(\alpha)}^{r(\nu)}\right]$$

と定義する．群内のカテゴリーの平均に相当する $(N \times L)$ 行列を $\bar{\boldsymbol{D}}_B$ で表すと，

$$\bar{\boldsymbol{D}}_B \equiv \left[\bar{\delta}^r_{i(\alpha)}\right]$$
$$= \begin{bmatrix} \bar{\delta}^1_{1(1)} & \cdots & \bar{\delta}^1_{1(\ell_1)} & \bar{\delta}^1_{2(1)} & \cdots & \bar{\delta}^1_{2(\ell_2)} & \cdots & \bar{\delta}^1_{K(1)} & \cdots & \bar{\delta}^1_{K(\ell_K)} \\ \vdots & & \vdots & \vdots & & \vdots & & \vdots & & \vdots \\ \bar{\delta}^1_{1(1)} & \cdots & \bar{\delta}^1_{1(\ell_1)} & \bar{\delta}^1_{2(1)} & \cdots & \bar{\delta}^1_{2(\ell_2)} & \cdots & \bar{\delta}^1_{K(1)} & \cdots & \bar{\delta}^1_{K(\ell_K)} \\ \bar{\delta}^2_{1(1)} & \cdots & \bar{\delta}^2_{1(\ell_1)} & \bar{\delta}^2_{2(1)} & \cdots & \bar{\delta}^2_{2(\ell_2)} & \cdots & \bar{\delta}^2_{K(1)} & \cdots & \bar{\delta}^2_{K(\ell_K)} \\ \vdots & & \vdots & \vdots & & \vdots & & \vdots & & \vdots \\ \bar{\delta}^2_{1(1)} & \cdots & \bar{\delta}^2_{1(\ell_1)} & \bar{\delta}^2_{2(1)} & \cdots & \bar{\delta}^2_{2(\ell_2)} & \cdots & \bar{\delta}^2_{K(1)} & \cdots & \bar{\delta}^2_{K(\ell_K)} \\ & \vdots & \vdots & \vdots & \vdots & \vdots & \vdots & \vdots & \vdots & \\ \bar{\delta}^M_{1(1)} & \cdots & \bar{\delta}^M_{1(\ell_1)} & \bar{\delta}^M_{2(1)} & \cdots & \bar{\delta}^M_{2(\ell_2)} & \cdots & \bar{\delta}^M_{K(1)} & \cdots & \bar{\delta}^M_{K(\ell_K)} \\ \vdots & & \vdots & \vdots & & \vdots & & \vdots & & \vdots \\ \bar{\delta}^M_{1(1)} & \cdots & \bar{\delta}^M_{1(\ell_1)} & \bar{\delta}^M_{2(1)} & \cdots & \bar{\delta}^M_{2(\ell_2)} & \cdots & \bar{\delta}^M_{K(1)} & \cdots & \bar{\delta}^M_{K(\ell_K)} \end{bmatrix}$$

さらに，データ全体のカテゴリーごとの平均に相当する $(N \times L)$ 行列を $\bar{\boldsymbol{D}}$ と表し，つぎのようにおく．

$$\bar{\boldsymbol{D}} \equiv \left[\bar{\delta}_{i(\alpha)}\right]$$
$$= \begin{bmatrix} \bar{\delta}_{1(1)} & \cdots & \bar{\delta}_{1(\ell_1)} & \bar{\delta}_{2(1)} & \cdots & \bar{\delta}_{2(\ell_2)} & \cdots & \bar{\delta}_{K(1)} & \cdots & \bar{\delta}_{K(\ell_K)} \\ \bar{\delta}_{1(1)} & \cdots & \bar{\delta}_{1(\ell_1)} & \bar{\delta}_{2(1)} & \cdots & \bar{\delta}_{2(\ell_2)} & \cdots & \bar{\delta}_{K(1)} & \cdots & \bar{\delta}_{K(\ell_K)} \\ & \vdots & \vdots & \vdots & \vdots & \vdots & \vdots & \vdots & \vdots & \\ \bar{\delta}_{1(1)} & \cdots & \bar{\delta}_{1(\ell_1)} & \bar{\delta}_{2(1)} & \cdots & \bar{\delta}_{2(\ell_2)} & \cdots & \bar{\delta}_{K(1)} & \cdots & \bar{\delta}_{K(\ell_K)} \end{bmatrix}$$

これらの行列表現を用いてつぎのような $(L \times L)$ の行列を定義し，

$$\boldsymbol{S}_B \equiv \left(\bar{\boldsymbol{D}}_B - \bar{\boldsymbol{D}}\right)' \left(\bar{\boldsymbol{D}}_B - \bar{\boldsymbol{D}}\right)$$
$$\boldsymbol{S} \equiv \left(\boldsymbol{D} - \bar{\boldsymbol{D}}\right)' \left(\boldsymbol{D} - \bar{\boldsymbol{D}}\right)$$

ベクトル $\boldsymbol{x}$ を用いると，(4.7) は

$$\boldsymbol{S}_B \boldsymbol{x} = \eta^2 \boldsymbol{S} \boldsymbol{x}$$

と表される．したがって，

$$(\boldsymbol{S}_B - \eta^2 \boldsymbol{S})\boldsymbol{x} = 0 \tag{4.8}$$

が得られ，形式的には解 $\boldsymbol{x}$ は最大固有値 η^2 に対応する固有ベクトルとなるが，この固有方程式が解けるためには $\boldsymbol{S}$ が正則でなければならない．しかし，行列 $\left(\boldsymbol{D} - \bar{\boldsymbol{D}}\right)$ は要因内で和をとると 0 となることから $\mathrm{rank}(\boldsymbol{S}) \leq (L-K)$ となることがわかる．また，行列 $\bar{\boldsymbol{D}}_B$ においては独立な行の数が M であり，さらに行列 $\left(\bar{\boldsymbol{D}}_B - \bar{\boldsymbol{D}}\right)$ の行和は 0 となることから，$\mathrm{rank}(\boldsymbol{S}_B) \leq (M-1)$ であることがわかる．そこで $\boldsymbol{S}$ の階数を考慮して，各要因の最初のカテゴリーを除去して ($x_{i(1)} = 0$ とみなすことに相当する)$(N \times (L-K))$ のデータ行列を $\boldsymbol{D}^*$ と表し，これに対応する行列をそれぞれ $\bar{\boldsymbol{D}}^*_B$, $\bar{\boldsymbol{D}}^*$ とおき，ベクトル $\boldsymbol{x}$ から $x_{i(1)}$ を除いたベクトルを $\boldsymbol{x}^*$ とする．これらによって

$$\begin{aligned}\boldsymbol{S}^*_B &\equiv \left(\bar{\boldsymbol{D}}^*_B - \bar{\boldsymbol{D}}^*\right)' \left(\bar{\boldsymbol{D}}^*_B - \bar{\boldsymbol{D}}^*\right) \\ \boldsymbol{S}^* &\equiv \left(\boldsymbol{D}^* - \bar{\boldsymbol{D}}^*\right)' \left(\boldsymbol{D}^* - \bar{\boldsymbol{D}}^*\right)\end{aligned}$$

を定義する．これらを用いると (4.8) に対応する方程式はつぎのようになる．

$$(\boldsymbol{S}^*_B - \eta^2 \boldsymbol{S}^*)\boldsymbol{x}^* = 0 \tag{4.9}$$

この方程式は正準判別分析における方程式と同様であり，$\boldsymbol{S}^*$ を平方根分解して，

$$\boldsymbol{S}^* = \boldsymbol{S}^{*1/2}(\boldsymbol{S}^{*1/2})'$$

とおくと η^2 はつぎの固有方程式の最大固有値として求められる．

$$|\boldsymbol{S}^{*-1/2}\boldsymbol{S}_B(\boldsymbol{S}^{*-1/2})' - \eta^2 \boldsymbol{I}| = 0 \tag{4.10}$$

したがって，$\boldsymbol{x}^*$ は最大固有値に対応する固有ベクトルから求めることができる．いま，$\boldsymbol{z}$ を (4.10) の固有値に対応する固有ベクトルとすると，

$$(\boldsymbol{S}^{*-1/2}\boldsymbol{S}^*_B(\boldsymbol{S}^{*-1/2})' - \eta^2 \boldsymbol{I})\boldsymbol{z} = 0 \tag{4.11}$$

であるから，両辺に左から $\boldsymbol{S}^{*1/2}$ を掛けると

$$(\boldsymbol{S}_B^* - \eta^2 \boldsymbol{S}^*)(\boldsymbol{S}^{*-1/2})'\boldsymbol{z} = 0$$

を得る．したがって，(4.9) によって

$$\boldsymbol{x}^* = (\boldsymbol{S}^{*-1/2})'\boldsymbol{z} \tag{4.12}$$

として $\boldsymbol{x}^*$ を求めることができる．

4.2　具体的な計算手順

以上の計算を最初に述べた簡単な具体例を用いてその手順を追ってみよう．アイテム数が 3 カテゴリー数が (2,2,3) であるから，求める数量化ベクトルは

$$\boldsymbol{x}' = \left[x_{1(1)}, x_{1(2)}, x_{2(1)}, x_{2(2)}, x_{3(1)}, x_{3(2)}, x_{3(3)}\right]$$

である．このときデータの階数を考慮して，アイテムの最初のカテゴリーを除去したものを，

$$\boldsymbol{x}^{*\prime} = \left[x_{1(2)}, x_{2(2)}, x_{3(2)}, x_{3(3)}\right]$$

とおく．このとき最初のカテゴリーを除いたデータは，

$$\boldsymbol{D}^* = \begin{bmatrix} 0 & 0 & 0 & 1 \\ 1 & 1 & 0 & 1 \\ 1 & 1 & 1 & 0 \\ 1 & 0 & 0 & 1 \\ 1 & 0 & 1 & 0 \\ 1 & 0 & 0 & 1 \\ 0 & 0 & 1 & 0 \\ 1 & 0 & 0 & 0 \\ 0 & 1 & 0 & 0 \\ 1 & 1 & 0 & 0 \\ 0 & 0 & 0 & 0 \end{bmatrix}$$

この $\boldsymbol{D}^*$ に対して，$\bar{\boldsymbol{D}}_B^*$ および $\bar{\boldsymbol{D}}^*$ はつぎのようになる．

$$\bar{\boldsymbol{D}}_B^* = \begin{bmatrix} \frac{5}{6} & \frac{1}{3} & \frac{1}{3} & \frac{2}{3} \\ \frac{5}{6} & \frac{1}{3} & \frac{1}{3} & \frac{2}{3} \\ \frac{5}{6} & \frac{1}{3} & \frac{1}{3} & \frac{2}{3} \\ \frac{5}{6} & \frac{1}{3} & \frac{1}{3} & \frac{2}{3} \\ \frac{5}{6} & \frac{1}{3} & \frac{1}{3} & \frac{2}{3} \\ \frac{5}{6} & \frac{1}{3} & \frac{1}{3} & \frac{2}{3} \\ \frac{2}{5} & \frac{2}{5} & \frac{1}{5} & 0 \\ \frac{2}{5} & \frac{2}{5} & \frac{1}{5} & 0 \\ \frac{2}{5} & \frac{2}{5} & \frac{1}{5} & 0 \\ \frac{2}{5} & \frac{2}{5} & \frac{1}{5} & 0 \\ \frac{2}{5} & \frac{2}{5} & \frac{1}{5} & 0 \end{bmatrix}, \qquad \bar{\boldsymbol{D}}^* = \begin{bmatrix} \frac{7}{11} & \frac{4}{11} & \frac{6}{11} & \frac{4}{11} \\ \frac{7}{11} & \frac{4}{11} & \frac{6}{11} & \frac{4}{11} \\ \frac{7}{11} & \frac{4}{11} & \frac{6}{11} & \frac{4}{11} \\ \frac{7}{11} & \frac{4}{11} & \frac{6}{11} & \frac{4}{11} \\ \frac{7}{11} & \frac{4}{11} & \frac{6}{11} & \frac{4}{11} \\ \frac{7}{11} & \frac{4}{11} & \frac{6}{11} & \frac{4}{11} \\ \frac{7}{11} & \frac{4}{11} & \frac{6}{11} & \frac{4}{11} \\ \frac{7}{11} & \frac{4}{11} & \frac{6}{11} & \frac{4}{11} \\ \frac{7}{11} & \frac{4}{11} & \frac{6}{11} & \frac{4}{11} \\ \frac{7}{11} & \frac{4}{11} & \frac{6}{11} & \frac{4}{11} \\ \frac{7}{11} & \frac{4}{11} & \frac{6}{11} & \frac{4}{11} \end{bmatrix}$$

これらより，全偏差平方和 $\boldsymbol{S}^*$ および級間偏差平方和 $\boldsymbol{S}_B^*$ を計算する．

$$\begin{aligned} \boldsymbol{S}^* &= \left(\boldsymbol{D}^* - \bar{\boldsymbol{D}}^*\right)' \left(\boldsymbol{D}^* - \bar{\boldsymbol{D}}^*\right) \\ &= \begin{bmatrix} 2.545 & 0.455 & 0.091 & 0.455 \\ 0.455 & 2.545 & -0.091 & -0.455 \\ 0.091 & -0.091 & 2.182 & -1.091 \\ 0.455 & -0.455 & -1.091 & 2.545 \end{bmatrix} \end{aligned}$$

$$\begin{aligned} \boldsymbol{S}_B^* &= \left(\bar{\boldsymbol{D}}_B^* - \bar{\boldsymbol{D}}^*\right)' \left(\bar{\boldsymbol{D}}_B^* - \bar{\boldsymbol{D}}^*\right) \\ &= \begin{bmatrix} 0.512 & -0.079 & 0.158 & 0.788 \\ -0.079 & 0.012 & -0.024 & -0.121 \\ 0.158 & -0.024 & 0.048 & 0.242 \\ 0.788 & -0.121 & 0.242 & 1.212 \end{bmatrix} \end{aligned}$$

さらに，固有方程式 (4.10) における行列の対称性を保証するため，$\boldsymbol{S}^*$ を平方根分解すると

$$\boldsymbol{S}^{*1/2} = \begin{bmatrix} 0.377 & 1.225 & -0.896 & 0.316 \\ -0.377 & 1.225 & 0.896 & -0.316 \\ -1.083 & 0.000 & -0.780 & -0.632 \\ 1.460 & 0.000 & -0.116 & -0.632 \end{bmatrix}$$

および

$$\boldsymbol{S}^{*-1/2} = \begin{bmatrix} 0.105 & -0.105 & -0.302 & 0.407 \\ 0.408 & 0.408 & 0.000 & 0.000 \\ -0.402 & 0.402 & -0.350 & -0.052 \\ 0.316 & -0.316 & -0.632 & -0.632 \end{bmatrix}$$

これらに基づき，固有方程式

$$|\boldsymbol{S}^{*-1/2}\boldsymbol{S}_B(\boldsymbol{S}^{*-1/2})' - \eta^2\boldsymbol{I}| = 0$$

の最大固有値を求めると，

$$\eta^2 = 0.828$$

であり，最大固有値に対応する固有ベクトルはつぎのように得られる．

$$\boldsymbol{z}' = [0.515,\ 0.272,\ -0.513,\ -0.631]$$

したがって，(4.12) より，$\boldsymbol{x}^*$ の推定値は

$$\hat{\boldsymbol{x}}^{*\prime} = [0.171,\ 0.05,\ 0.424,\ 0.635]$$

したがって，アイテム・カテゴリーに割り当てる数量の推定値は

$$\hat{\boldsymbol{x}}' = [0,\ 0.171,\ 0,\ 0.05,\ 0,\ 0.424,\ 0.635]$$

と得られ，各標本に割り当てられる数量 $\hat{y}^{r(\nu)}$ は，

$$\begin{aligned}\hat{y}^{r(\nu)} = {} & 0 \cdot \delta_{1(1)}^{r(\nu)} + 0.171 \cdot \delta_{1(2)}^{r(\nu)} + 0 \cdot \delta_{2(1)}^{r(\nu)} + 0.05 \cdot \delta_{2(2)}^{r(\nu)} + 0 \cdot \delta_{3(1)}^{r(\nu)} \\ & + 0.424 \cdot \delta_{3(2)}^{r(\nu)} + 0.635 \cdot \delta_{3(3)}^{r(\nu)}\end{aligned}$$

として計算される．この値をまとめたものが表 4.3 である．この表の値を数直線上にプロットしてみると，1 群と 2 群がおおむね 0.5 を境界として分類できるように思われる．

表 **4.3** 群の割り当てられた数値

群番号	標本	$y^{r(\nu)}$
1	1	0.635
1	2	0.857
1	3	0.645
1	4	0.807
1	5	0.595
1	6	0.807
2	1	0.424
2	2	0.171
2	3	0.050
2	4	0.222
2	5	0.000

4.3 カテゴリーの係数の基準化

カテゴリーに割り当てられた実数値 $\boldsymbol{x}$ は，各アイテムの最初のカテゴリー $\delta_{i(1)}$ に対応する値 (カテゴリーの係数と呼ぶ) は，排反的カテゴリーの性質から，常に 0 としていた．このカテゴリーの寄与を考えるときに直感的に理解しにくいので，ここでは各個体に割り当てられた $y^{r(\nu)}$ の全体の平均が 0 となるように基準化する．そのために，推定値 $\hat{\boldsymbol{x}}$ に対応する y の値を $\hat{y}^{r(\nu)}$ として，

$$\hat{y}^{r(\nu)} = \sum_{i=1}^{K}\sum_{\alpha=1}^{\ell_i} \hat{x}_{i(\alpha)}\delta_{i(\alpha)}^{r(\nu)}$$

とおくとき，y の全体の平均は (4.4) より，

$$\bar{y} = \sum_{i=1}^{K}\sum_{\alpha=1}^{\ell_i} \hat{x}_{i(\alpha)}\bar{\delta}_{i(\alpha)}$$

であるから，これを $\hat{y}^{r(\nu)}$ から引いたものを考える．

$$\hat{y}^{r(\nu)} - \bar{y} = \sum_{i=1}^{K}\sum_{\alpha=1}^{\ell_i} \hat{x}_{i(\alpha)}\left(\delta_{i(\alpha)}^{r(\nu)} - \bar{\delta}_{i(\alpha)}\right)$$

この式を各カテゴリーは排反的である性質を用いると，つぎのように変形することができる．

$$\begin{aligned}\hat{y}^{r(\nu)} &= \bar{y} + \sum_{i=1}^{K}\sum_{\alpha=1}^{\ell_i} \hat{x}_{i(\alpha)}\left(\delta_{i(\alpha)}^{r(\nu)} - \bar{\delta}_{i(\alpha)}\right) \\ &= \bar{y} + \sum_{i=1}^{K}\sum_{\alpha=1}^{\ell_i}\left(\hat{x}_{i(\alpha)} - \sum_{\beta=1}^{\ell_i}\hat{x}_{i(\beta)}\bar{\delta}_{i(\beta)}\right)\delta_{i(\alpha)}^{r(\nu)}\end{aligned}$$

したがって，上式において，$\delta_{i(\alpha)}^{r(\nu)}$ の係数を改めて

$$\tilde{x}_{i(\alpha)} \equiv \hat{x}_{i(\alpha)} - \sum_{\beta=1}^{\ell_i}\hat{x}_{i(\beta)}\bar{\delta}_{i(\beta)}$$

とおくと，

$$\hat{y}^{r(\nu)} = \bar{y} + \sum_{i=1}^{K}\sum_{\alpha=1}^{\ell_i}\tilde{x}_{i(\alpha)}\delta_{i(\alpha)}^{r(\nu)}$$

と表すことができる．このようにして得られる係数

$$\tilde{\boldsymbol{x}} = \left(\tilde{x}_{i(\alpha)}\right)$$

を基準化された係数と呼ぶ．

4.2 節で述べた計算例では基準化された $\tilde{\boldsymbol{x}}$ はつぎのように求められる．

$$\tilde{\boldsymbol{x}}' = [-0.109,\ 0.062,\ -0.018,\ 0.032,\ -0.346,\ 0.077,\ 0.289]$$

4.4 要因効果の分析

ここでは外的基準で与えられた分類を最もよく判別するようにアイテム・カテゴリーの係数 $x_{i(\alpha)}^{r(\nu)}$ を求めた．このとき，この分類に対して各要因がどの程度寄与するのかを分析するために，要因と標本に割り当てられた数値との偏相関係数を求めてみよう．それには，各要因ごとおよび各群ごとにつぎのようにデータを要約する (表 4.4).

$$\hat{y}^{r} \equiv \frac{1}{n_r}\sum_{\nu=1}^{n_r}\hat{y}^{r(\nu)}$$

$$x_i^{r(\nu)} \equiv \sum_{\alpha=1}^{\ell_i}\hat{x}_{i(\alpha)}\delta_{i(\alpha)}^{r(\nu)}$$

表 **4.4** 要因および群ごとの要約

群	$\hat{y}$	要因 1	要因 2	要因 $\cdots$	要因 K
1	$\hat{y}^1$	$x_1^{1(1)}$ ⋮ $x_1^{1(n_1)}$	$x_2^{1(1)}$ ⋮ $x_2^{1(n_1)}$	$\cdots$	$x_K^{1(1)}$ ⋮ $x_K^{1(n_1)}$
2	$\hat{y}^2$	$x_1^{2(1)}$ ⋮ $x_1^{2(n_2)}$	$x_2^{2(1)}$ ⋮ $x_2^{2(n_2)}$	$\cdots$	$x_K^{2(1)}$ ⋮ $x_K^{2(n_2)}$
⋮	⋮	⋮	⋮	⋮	⋮
M	$\hat{y}^1$	$x_1^{M(1)}$ ⋮ $x_1^{M(n_M)}$	$x_2^{M(1)}$ ⋮ $x_2^{M(n_M)}$	$\cdots$	$x_K^{M(1)}$ ⋮ $x_K^{M(n_M)}$

これらの値から，それぞれつぎの値を計算し，

$$
\begin{aligned}
\bar{x}_i &= \frac{1}{N}\sum_{r=1}^{M}\sum_{\nu=1}^{n_r} x_i^{r(\nu)} \\
\bar{y} &= \frac{1}{N}\sum_{r=1}^{M} n_r \hat{y}^r \\
s_{ij} &= \frac{1}{N}\sum_{r=1}^{M}\sum_{\nu=1}^{n_r}\left(x_i^{r(\nu)} - \bar{x}_i\right)\left(x_j^{r(\nu)} - \bar{x}_j\right) \\
s_{iy} &= \sum_{r=1}^{M}\sum_{\nu=1}^{n_r}\left(x_i^{r(\nu)} - \bar{x}_i\right)\left(\hat{y}^r - \bar{y}\right) \\
s_{yy} &= \frac{1}{N}\sum_{r=1}^{M} n_r(\hat{y}^r - \bar{y})^2
\end{aligned}
$$

要因 i と要因 j の間の相関係数 r_{ij} および要因 i と標本値 $\hat{y}^r$ の間の相関係数をつぎのように定義する．

$$
\begin{aligned}
r_{ij} &= \frac{s_{ij}}{\sqrt{s_{ii}s_{jj}}} \\
r_{iy} &= \frac{s_{iy}}{\sqrt{s_{ii}s_{yy}}}
\end{aligned}
$$

各相関係数を行列の形にまとめて $\boldsymbol{R}$ と表す．

$$\boldsymbol{R} = \begin{bmatrix} 1 & r_{12} & \cdots & r_{1K} & r_{1y} \\ r_{21} & 1 & \cdots & r_{2K} & r_{2y} \\ \vdots & \vdots & \ddots & \vdots & \vdots \\ r_{K1} & r_{K2} & \cdots & 1 & r_{Ky} \\ r_{y1} & r_{y2} & \cdots & r_{yK} & 1 \end{bmatrix}$$

さらに，$\boldsymbol{R}$ の逆行列を $\boldsymbol{R}^{-1}$ として，その要素をつぎのように表す．

$$\boldsymbol{R}^{-1} = \begin{bmatrix} r^{11} & r^{12} & \cdots & r^{1K} & r^{1y} \\ r^{21} & r^{22} & \cdots & r^{2K} & r^{2y} \\ \vdots & \vdots & \ddots & \vdots & \vdots \\ r^{K1} & r^{K2} & \cdots & r^{KK} & r^{Ky} \\ r^{y1} & r^{y2} & \cdots & r^{yK} & r^{yy} \end{bmatrix}$$

これらの表記を用いると，要因 i と標本値 y との偏相関係数はつぎのように定義される．

$$r_{iy \cdot 1,2,\ldots,i-1,i+1,\ldots,K} \equiv \frac{-r^{iy}}{\sqrt{r^{ii} r^{yy}}}, \quad i = 1, 2, \ldots, K$$

y の値は群ごとに決まる．偏相関係数の大きさから，y の変動が要因 i によってどの程度説明できるのかがわかる．

計算例における表 4.1 のデータに関して，偏相関係数を求めるため，表 4.4 に相当するデータを要約したのが表 4.5 である．

この表の値に基づいて相関係数行列およびその逆行列を計算するとつぎのようになる．

$$\boldsymbol{R} = \begin{bmatrix} 1.0 & 0.179 & 0.225 & 0.449 \\ 0.179 & 1.0 & -0.026 & 0.100 \\ 0.225 & -0.026 & 1.0 & 0.869 \\ 0.449 & 0.100 & 0.869 & 1.0 \end{bmatrix}$$

$$\boldsymbol{R}^{-1} = \begin{bmatrix} 1.498 & -0.164 & 0.887 & -1.445 \\ -0.164 & 1.150 & 0.665 & -0.425 \\ 0.887 & 0.665 & 5.138 & -4.818 \\ -1.445 & -0.425 & -4.818 & 5.806 \end{bmatrix}$$

表 4.5　計算例の要因および群ごとの要約

群	$\hat{y}$	要因		
		1	2	3
1	0.724	0	0	0.635
		0.171	0.050	0.635
		0.171	0.050	0.635
		0.171	0	0.424
		0.171	0	0.424
		0.171	0	0.635
2	0.173	0	0	0.424
		0.171	0	0
		0	0.050	0
		0.171	0.050	0
		0	0	0

表 4.6　要因と $\hat{y}^r$ との偏相関係数

要因	偏相関係数
1	0.413
2	0.164
3	0.882

これより，各要因と $\hat{y}^r$ との偏相関係数を計算したものが表 4.6 である．偏相関係数の値から要因 3 が最も判別に関する寄与が大きく，要因 2 はほとんど寄与していないことがわかる．

4.5　多次元の数量化

質的データにおける外的基準によって与えられる群の数を M とし，アイテム数を K，カテゴリー総数を L とすると，行列 $\boldsymbol{S}_B\boldsymbol{S}^{-1}$ に関して

$$\mathrm{rank}(\boldsymbol{S}_B\boldsymbol{S}^{-1}) \leq \min\{(L-K),\ (M-1)\}$$

であることは 4.1 節での考察からわかる．4.2 節の例では $M=2$ であるから，$\boldsymbol{S}_B\boldsymbol{S}^{-1}$ の階数は 1 であり，結果的に 1 次元の数量化となっている．一般に $\boldsymbol{S}_B\boldsymbol{S}^{-1}$ の階数を T とすると，T 次元の数量化が可能となる．多次元の数量化とは，質的データが表 4.2 のように与えられたとき，各アイテム・カテゴリーに多次元の実数値を割り当てることである．すなわち，いまアイテム i のカテ

ゴリー α に q 次元の実数ベクトル

$$\boldsymbol{x}_{i(\alpha)} = \left[{}^1x_{i(\alpha)}, {}^2x_{i(\alpha)}, \ldots, {}^qx_{i(\alpha)}\right], \quad i = 1, \ldots, K;\ \alpha = 1, \ldots, \ell_i$$

を割り当てるものとし，これを $(L \times T)$ 行列 $\boldsymbol{X}$ と表すことにする．

$$\boldsymbol{X} = \begin{bmatrix} {}^1x_{1(1)} & {}^2x_{1(1)} & \cdots & {}^qx_{1(1)} \\ \vdots & \vdots & & \vdots \\ {}^1x_{1(\ell_1)} & {}^2x_{1(\ell_1)} & \cdots & {}^qx_{1(\ell_1)} \\ {}^1x_{2(1)} & {}^2x_{2(1)} & \cdots & {}^qx_{2(1)} \\ \vdots & \vdots & & \vdots \\ {}^1x_{2(\ell_2)} & {}^2x_{2(\ell_2)} & \cdots & {}^qx_{2(\ell_2)} \\ \vdots & \vdots & & \vdots \\ {}^1x_{K(1)} & {}^2x_{K(1)} & \cdots & {}^qx_{K(1)} \\ \vdots & \vdots & & \vdots \\ {}^1x_{K(\ell_K)} & {}^2x_{K(\ell_K)} & \cdots & {}^qx_{K(\ell_K)} \end{bmatrix}$$

このとき，表 4.2 のデータを $(N \times L)$ 行列 $\boldsymbol{D}$ と表し，外的基準への線形判別モデルを

$$\boldsymbol{Y} = \boldsymbol{D}\boldsymbol{X}$$

と表す．ここに $\boldsymbol{Y}$ は $(N \times L)$ の行列となる．

$$\boldsymbol{Y} = \begin{bmatrix} {}^1y^{1(1)} & {}^2y^{1(1)} & \cdots & {}^qy^{1(1)} \\ \vdots & \vdots & & \vdots \\ {}^1y^{1(n_1)} & {}^2y^{1(n_1)} & \cdots & {}^qy^{1(n_1)} \\ {}^1y^{2(1)} & {}^2y^{2(1)} & \cdots & {}^qy^{2(1)} \\ \vdots & \vdots & & \vdots \\ {}^1y^{2(n_2)} & {}^2y^{2(n_2)} & \cdots & {}^qy^{2(n_2)} \\ \vdots & \vdots & & \vdots \\ {}^1y^{M(1)} & {}^2y^{M(1)} & \cdots & {}^qy^{M(1)} \\ \vdots & \vdots & & \vdots \\ {}^1y^{M(n_M)} & {}^2y^{M(n_M)} & \cdots & {}^qy^{M(n_M)} \end{bmatrix}$$

これらを用いて，前節と同様の考え方により，級間・級内分散共分散や全分散共分散行列を表す諸量を導入し，正準判別関数におけると同様に相関比の概念を拡張して考える．そのために，$\boldsymbol{Y}$ に関する級内平均 $\bar{\boldsymbol{Y}}_B$ および全体に平均 $\bar{\boldsymbol{Y}}$ を行列でつぎのように表す．

$$\bar{\boldsymbol{Y}}_B = \begin{bmatrix} {}^1\bar{y}^1 & {}^2\bar{y}^1 & \cdots & {}^q\bar{y}^1 \\ \vdots & \vdots & & \vdots \\ {}^1\bar{y}^1 & {}^2\bar{y}^1 & \cdots & {}^q\bar{y}^1 \\ {}^1\bar{y}^2 & {}^2\bar{y}^2 & \cdots & {}^q\bar{y}^2 \\ \vdots & \vdots & & \vdots \\ {}^1\bar{y}^2 & {}^2\bar{y}^2 & \cdots & {}^q\bar{y}^2 \\ \vdots & \vdots & & \vdots \\ {}^1\bar{y}^M & {}^2\bar{y}^M & \cdots & {}^q\bar{y}^M \\ \vdots & \vdots & & \vdots \\ {}^1\bar{y}^M & {}^2\bar{y}^M & \cdots & {}^q\bar{y}^M \end{bmatrix}, \quad \bar{\boldsymbol{Y}} = \begin{bmatrix} {}^1\bar{y} & {}^2\bar{y} & \cdots & {}^q\bar{y} \\ \vdots & \vdots & & \vdots \\ {}^1\bar{y} & {}^2\bar{y} & \cdots & {}^q\bar{y} \\ \vdots & \vdots & & \vdots \\ {}^1\bar{y} & {}^2\bar{y} & \cdots & {}^q\bar{y} \end{bmatrix}$$

ただし，

$$\begin{aligned} {}^q\bar{y}^r &= \frac{1}{n_r}\sum_{\nu=1}^{n_r} {}^q y^{r(\nu)}, \quad q = 1, \ldots, q;\ r = 1, \ldots, M \\ {}^\gamma\bar{y} &= \frac{1}{N}\sum_{r=1}^{M}\sum_{\nu=1}^{n_r} {}^\gamma y^{r(\nu)} \end{aligned}$$

であるものとする．さらに，$\bar{\boldsymbol{D}}_B$ および $\bar{\boldsymbol{D}}$ は 4.1 節で定義されているものを用い，つぎのような $\boldsymbol{Y}$ に関する全偏差平方和積和行列 $\boldsymbol{V}$ および級内平方和積和行列を $\boldsymbol{V}_B$ を定義する．

$$\begin{aligned} \boldsymbol{V} = (\boldsymbol{Y} - \bar{\boldsymbol{Y}})'(\boldsymbol{Y} - \bar{\boldsymbol{Y}}) &= \{(\boldsymbol{D} - \bar{\boldsymbol{D}})\boldsymbol{X}\}'\{(\boldsymbol{D} - \bar{\boldsymbol{D}})\boldsymbol{X}\} \\ &= \boldsymbol{X}'(\boldsymbol{D} - \bar{\boldsymbol{D}})'(\boldsymbol{D} - \bar{\boldsymbol{D}})\boldsymbol{X} \\ &= \boldsymbol{X}'\boldsymbol{S}\boldsymbol{X} \\ \boldsymbol{V}_B = (\bar{\boldsymbol{Y}}_B - \bar{\boldsymbol{Y}})'(\bar{\boldsymbol{Y}}_B - \bar{\boldsymbol{Y}}) &= \{(\bar{\boldsymbol{D}}_B - \bar{\boldsymbol{D}})\boldsymbol{X}\}'\{(\bar{\boldsymbol{D}}_B - \bar{\boldsymbol{D}})\boldsymbol{X}\} \\ &= \boldsymbol{X}'\boldsymbol{S}_B\boldsymbol{X} \end{aligned}$$

上式に現れる $\boldsymbol{S}_B$ および $\boldsymbol{S}$ は 4.1 節で定義したものである．1 次元の実数値を割り当てる場合には相関比 η^2 を用いたが，多次元の場合にはそれを拡張して

$$H = \frac{|\boldsymbol{V}_B|}{|\boldsymbol{V}|} \tag{4.13}$$

を基準としてこれを最大にする $\boldsymbol{X}$ を求める．ただし，多次元的に求める場合には各次元に与える実数値は互いに無相関 (線形な関係にない) ことが望ましいので，ここではつぎのような条件を付与する．

$$\boldsymbol{X}'\boldsymbol{X} = \boldsymbol{I}_q, \quad \boldsymbol{I}_q \text{ は } q \text{ 次の単位行列}$$

$\boldsymbol{S}_B$ や $\boldsymbol{S}$ について，排反的カテゴリーを仮定したことにより明らかに階数が減少することは 4.1 節で述べたとおりである．したがってここでも各要因の最初のカテゴリーを除去して得られる行列やベクトルに * をつけて表すことにする．それらを $\boldsymbol{S}^*$，$\boldsymbol{S}_B^*$，$\boldsymbol{X}^*$ とおく．ここでも $\boldsymbol{X}^{*\prime}\boldsymbol{X}^* = \boldsymbol{I}_q$ が成り立つものとする．このとき，基準 (4.13) と 4.1 節の相関比 η^2 との関係を考察すると以下のようである．いま，$\boldsymbol{S}_B^*$ と $\boldsymbol{S}^*$ に関して，

$$(\boldsymbol{S}_B^* - \eta^2\boldsymbol{S}^*)\boldsymbol{z} = 0$$

の q 個の固有値と固有ベクトルをそれぞれ，

$$\eta_1^2 \geq \eta_2^2 \geq \cdots \geq \eta_q \geq 0$$

$$\boldsymbol{z}_1, \boldsymbol{z}_2, \ldots, \boldsymbol{z}_q$$

とし，固有値を対角要素とする対角行列を $\boldsymbol{\Delta}_\eta$ とおく．

$$\boldsymbol{\Delta}_\eta = \begin{bmatrix} \eta_1^2 & 0 & \cdots & 0 \\ 0 & \eta_2^2 & \cdots & 0 \\ \vdots & \vdots & \ddots & \vdots \\ 0 & 0 & \cdots & \eta_q^2 \end{bmatrix}$$

また，各固有ベクトルを列ベクトルとする行列を

$$\boldsymbol{Z} = [\boldsymbol{z}_1, \boldsymbol{z}_2, \ldots, \boldsymbol{z}_q]$$

とおくと，$\boldsymbol{S}_B^*$，$\boldsymbol{S}^*$ は共に対称行列であるから，$\boldsymbol{Z}$ は直交行列となり，

$$\boldsymbol{Z}'\boldsymbol{Z} = \boldsymbol{I}_q$$

を満たす．したがって，

$$\boldsymbol{Z}'(\boldsymbol{S}^{*-1/2}\boldsymbol{S}_B^*\boldsymbol{S}^{*-1/2\prime})\boldsymbol{Z} = \boldsymbol{\Delta}_\eta$$

なる関係が得られる．$\boldsymbol{X}^*$ は条件 $\boldsymbol{X}^{*\prime}\boldsymbol{X}^* = \boldsymbol{I}_q$ を満たす限り任意であるから，$\boldsymbol{X}^* = \boldsymbol{Z}$ とすることができるので，多次元数量化の基準はつぎのように書き下すことができる．

$$\begin{aligned} H = \frac{|\boldsymbol{V}_B|}{|\boldsymbol{V}|} &= \frac{|\boldsymbol{X}^{*\prime}\boldsymbol{S}_B^*\boldsymbol{X}^*|}{|\boldsymbol{X}^{*\prime}\boldsymbol{X}^*|} = \frac{|\boldsymbol{S}_B^*|}{|\boldsymbol{S}^*|} \\ &= |\boldsymbol{S}_B^*\boldsymbol{S}^{*-1}| = |\boldsymbol{Z}'|\ |\boldsymbol{S}^{*-1/2}\boldsymbol{S}_B^*\boldsymbol{S}^{*-1/2\prime}|\ |\boldsymbol{Z}| \\ &= |\boldsymbol{Z}'(\boldsymbol{S}^{*-1/2}\boldsymbol{S}_B^*\boldsymbol{S}^{*-1/2\prime})\boldsymbol{Z}| = |\boldsymbol{\Delta}_\eta| = \prod_{\gamma=1}^{q}\eta_\gamma^2 \end{aligned}$$

すなわち，H を最大にするためには $\eta_1^2, \eta_2^2, \ldots, \eta_q^2$ の積を最大にすることと同値である．したがって，多次元的に数量化するためには，$\boldsymbol{S}_B^*$ および $\boldsymbol{S}^*$ からなる固有方程式

$$|\boldsymbol{S}_B^* - \eta^2\boldsymbol{S}^*| = 0$$

の固有値を大きい順に求め，

$$\eta_1^2 \geq \eta_2^2 \geq \cdots \geq \eta_q^2 \geq 0$$

それに対応する固有ベクトル

$${}^1\boldsymbol{x},\ {}^2\boldsymbol{x}, \ldots,\ {}^q\boldsymbol{x}$$

によってカテゴリーに実数値を割り当てることによって多次元的な判別が可能となる．

chapter 5

非線形判別関数

従来の統計的データ解析においては変数選択法に象徴されるように標本サイズが限られているので，可能な限り変数の数を減少させることによって線形判別関数や重回帰関数の信頼性，すなわち予測精度を向上させることが中心的な議論であった．分野によっては，たとえば医学や農学の分野においては現在でも標本サイズを自由に増加させることが困難な場合がある．一方では標本サイズはほとんど無制限という分野，たとえば音声分析や画像解析の分野などがある．そのような分野においては，変数を減少させることには大して意味がなく，むしろデータへの当てはまりや精度や予測精度を向上させるために変数を増加させる方法が統計的学習理論や機械学習の分野で論じられている．統計的データ解析の立場からすると，いかなる場合においても変数を増加させることによって，重回帰関数の当てはまりや判別関数の分類精度は重回帰式や判別関数を推定するために用いられたデータ (学習データと呼ばれる) に対しては決して悪くはならない．しかし，新たに観測されたデータ (テストデータと呼ばれる) に対する予測精度は，推定されるパラメータ数が増加するために学習データに過適合 (over fitting) することによって，逆に悪くなることが知られている．そのためにいろいろな工夫もなされているが，ここではこれらの点を踏まえて線形判別関数のみではなく，より一般的な非線形判別関数の構築に関する考察をしてみよう．

観測データは前節と同様に p 個の変数，$\boldsymbol{x}' = [x_1, x_2, \ldots, x_p]$ について K 群について観測され，各群の標本サイズは n_g であり，全標本数を $n = n_1 + \cdots + n_K$ とする．すなわち，データはつぎのように与えられているものとする．

$$
\begin{aligned}
\boldsymbol{x}_1^{(1)} &= \left[x_{11}^{(1)}, x_{12}^{(1)}, \ldots, x_{1p}^{(1)}\right]' \\
&\vdots \\
\boldsymbol{x}_{n_1}^{(1)} &= \left[x_{n_1 1}^{(1)}, x_{n_1 2}^{(1)}, \ldots, x_{n_1 p}^{(1)}\right]' \\
\\
\boldsymbol{x}_1^{(2)} &= \left[x_{11}^{(2)}, x_{12}^{(2)}, \ldots, x_{1p}^{(2)}\right]' \\
&\vdots \\
\boldsymbol{x}_{n_2}^{(2)} &= \left[x_{n_2 1}^{(2)}, x_{n_2 2}^{(2)}, \ldots, x_{n_2 p}^{(2)}\right]' \\
&\vdots \\
\boldsymbol{x}_1^{(K)} &= \left[x_{11}^{(K)}, x_{12}^{(K)}, \ldots, x_{1p}^{(K)}\right]' \\
&\vdots \\
\boldsymbol{x}_{n_K}^{(K)} &= \left[x_{n_K 1}^{(K)}, x_{n_K 2}^{(K)}, \ldots, x_{n_K p}^{(K)}\right]'
\end{aligned}
\tag{5.1}
$$

フィッシャーの線形判別関数 (正準判別関数) はこれらの p 個の変数の線形関数

$$y = a_1x_1 + a_2x_2 + \cdots + a_px_p = \boldsymbol{a}'\boldsymbol{x}$$

で与えられる．このとき，非線形判別関数とは一般に正準判別関数に相当するものが $x_1, x_2, \ldots, x_p$ の非線形関数 $\psi(x_1, x_2, \ldots, x_p)$ を用いて

$$y = \psi(\boldsymbol{x}) = \psi(x_1, x_2, \ldots, x_p) \tag{5.2}$$

と表されるものである．しかし，観測データから非線形関数 $\psi(\boldsymbol{x})$ の具体的な形を決定することは困難である．そこで通常 (5.2) の関数 $\psi(\boldsymbol{x})$ については基底関数展開や多項式展開などが用いられる．すなわち，

$$y = \psi(\boldsymbol{x}) = \psi(x_1, x_2, \ldots, x_p) = \sum_{i=1}^{m} \alpha_i u_i(\boldsymbol{x}) \tag{5.3}$$

基底関数の典型的な例は直交関数族などであるが，階層的なニューラルネットワークなどもよく用いられる非線形関数である．

基底関数展開や多項式展開などに特徴的なことは，基底関数の値や多項式の値は観測データから得られるので (5.3) を統計的なモデルとみなすと，線形モデルそのものにすぎないことである．すなわち未知パラメータ α_i に関しては線形である (多層ニューラルネットワークモデルは各ニューロンにおける活性関数としてシグモイド関数などを選ぶと線形モデルにはならない)．このモデル (5.3) において本質的な問題は項の数，すなわち m の大きさである．観測データの全標本サイズ n に対して $m \geq n$ ならば，完全に判別可能なことは明らかである．したがって，できる限り少数個の基底関数で学習データの判別し，予測判別誤差を低く抑えることが重要である．これは統計的モデルの立場からすると当然であるが，統計的学習や機械学習における学習法では，過適合を抑えるために非線形関数の平滑化が中心の議論となっている．統計的モデルの考え方からすると，基底関数を導入するということは，ある意味の変数変換と考えることができる．すなわち，基底関数はつぎのような新たな変数と解釈することができる．

$$
\begin{aligned}
z_1 &= u_1(x_1, x_2, \ldots, x_p)\\
z_2 &= u_2(x_1, x_2, \ldots, x_p)\\
&\vdots\\
z_m &= u_m(x_1, x_2, \ldots, x_p)
\end{aligned}
$$

したがって，z_i を変数とみなすと，(5.3) はつぎのような通常の線形モデルで表すことができる．

$$
y = \psi(\boldsymbol{x}) = \sum_{i=1}^{m} \alpha_i z_i \tag{5.4}
$$

このように表現すると，必要最小限の z_i は，従来の変数選択の考え方を用いて決定することができる．ただし，$\boldsymbol{z}' = [z_1, z_2, \ldots, z_m]$ の確率分布に関しては多変量正規性を仮定する．

実際に具体的な基底関数を決定することも難しい問題であるが，最近，サポートベクターマシンに代表されるように，観測データの p 次元変数を無限次元のある種のヒルベルト空間へ写像して，その空間での線形モデルを考える方法が提案されている．そこではヒルベルト空間の内積を定義するカーネル関数と呼ばれる関数が重要な役割を果たすことから，この空間でのデータ解析法は一般にカーネル関数法と呼ばれている．本章では，カーネル関数法による非線形判別関数の構成を前述の変数選択の概念を用いて議論しよう．

5.1　カーネル関数と再生核ヒルベルト空間

データ解析で扱われるデータは実数値とは限らないがここでは簡単のためデータは p 次元実数空間 $\mathcal{R}^p$ 上の点として与えられるものとする．したがって，カーネル関数は $\mathcal{R}^p \times \mathcal{R}^p$ 上の実数値関数として定義されるものとする．すなわち，

$$\kappa(\boldsymbol{x}, \boldsymbol{y}) \ : \ \mathcal{R}^p \times \mathcal{R}^p \ \rightarrow \ \mathcal{R}$$

このとき，$\kappa(\boldsymbol{x}, \boldsymbol{y})$ はつぎの性質を満たすものとする．

① 対称性：$\kappa(\boldsymbol{x}, \boldsymbol{y}) = \kappa(\boldsymbol{y}, \boldsymbol{x})$

② 半正定符号：一般には任意の関数 $f(\boldsymbol{x})$，$\boldsymbol{x} \in \mathcal{R}$ に対して，

$$\iint \kappa(\boldsymbol{x}, \boldsymbol{y}) f(\boldsymbol{x}) f(\boldsymbol{y}) \ d\boldsymbol{x} d\boldsymbol{y} \geq 0$$

あるいは任意個の $\boldsymbol{x}_1, \boldsymbol{x}_2, \ldots, \boldsymbol{x}_n, \ldots \in \mathcal{R}$ に対して，つぎの 2 次形式が半正定符号となる．

$$\sum_{i=1}^{n} \sum_{j=1}^{n} \kappa(\boldsymbol{x}_i, \boldsymbol{x}_j) \boldsymbol{x}_i \boldsymbol{x}_j \geq 0$$

これは n が有限個であれば対称行列

$$\boldsymbol{K} = [\kappa(\boldsymbol{x}_i, \boldsymbol{x}_j)]$$

が半正定符号であることと同値である．後に $\kappa(\boldsymbol{x}_i, \boldsymbol{x}_j)$ によって内積が定義されることから $\boldsymbol{K}$ をグラム行列 (Gram matrix) と呼ぶことがある．

カーネル関数として具体的なものはいろいろ知られているが，基本的には $\mathcal{R}^p$ 上の内積を $\boldsymbol{x}'\boldsymbol{y}$ と表すとき，$\boldsymbol{x}'\boldsymbol{y}$ の多項式 (無限多項式も含めると)

$$\begin{aligned} \kappa(\boldsymbol{x}, \boldsymbol{y}) &\equiv \{c + \boldsymbol{x}'\boldsymbol{y}\}^d \ (\text{多項式カーネル}) \\ \kappa(\boldsymbol{x}, \boldsymbol{y}) &\equiv \exp\left\{\frac{\boldsymbol{x}'\boldsymbol{y}}{d^2}\right\} \ (\text{指数カーネル}) \end{aligned} \tag{5.5}$$

などがあげられる．これらのカーネル関数の特徴は単純に $|\boldsymbol{x}|$ および $|\boldsymbol{y}|$ に関して単調増加関数であり，この性質がうまく機能する場合はよいが，ある場合には $|\boldsymbol{x}|$ および $|\boldsymbol{y}|$ に関して減少関数の方が都合がよい場合，あるいは $\boldsymbol{x}$ と $\boldsymbol{y}$ の類似度としての機能が要求されるときにはこれらを基準化されたカーネル関数 (normalized kernel function)

$$\tilde{\kappa}(\boldsymbol{x},\boldsymbol{y})=\frac{\kappa(\boldsymbol{x},\boldsymbol{y})}{\sqrt{\kappa(\boldsymbol{x},\boldsymbol{x})}\sqrt{\kappa(\boldsymbol{y},\boldsymbol{y})}} \tag{5.6}$$

が用いられる．特に指数カーネルを基準化したものを考えると，

$$\begin{aligned}\tilde{\kappa}(\boldsymbol{x},\boldsymbol{y})&=\frac{\exp\left(\boldsymbol{x}'\boldsymbol{y}/d^2\right)}{\sqrt{\exp\left(\boldsymbol{x}'\boldsymbol{x}/d^2\right)}\sqrt{\exp\left(\boldsymbol{y}'\boldsymbol{y}/d^2\right)}}\\&=\exp\left\{\frac{1}{d^2}\left(\boldsymbol{x}'\boldsymbol{y}-\frac{1}{2}\boldsymbol{x}'\boldsymbol{x}-\frac{1}{2}\boldsymbol{y}'\boldsymbol{y}\right)\right\}\\&=\exp\left\{-\frac{1}{2d^2}\|\boldsymbol{x}-\boldsymbol{y}\|^2\right\}\end{aligned}$$

となり，このカーネル関数がガウスカーネル関数 (Gaussian kernel function) と呼ばれており，カーネル関数としては最もよく用いられている．また，非負定値カーネル関数に関して，$\kappa_1(\boldsymbol{x},\boldsymbol{y})$ および $\kappa_2(\boldsymbol{x},\boldsymbol{y})$ を 2 つの非負定値カーネル関数とするならば，非負定数係数の線形和および積はまた非負定値カーネル関数となることが証明されている．

① $p_1\kappa_1(\boldsymbol{x},\boldsymbol{x})+p_2\kappa_2(\boldsymbol{x},\boldsymbol{x}),\quad p_1,p_2\geq 0$

② $\kappa_1(\boldsymbol{x},\boldsymbol{x})\kappa_2(\boldsymbol{x},\boldsymbol{x})$

これらの関係を用いて，様々なカーネル関数を構成することができる．

つぎにデータ解析におけるカーネル関数の役割について考えてみよう．カーネル関数法においては p 次元データをある無限次元の関数空間へ写像し，その空間で統計的モデルを構築し，データの解析を行うことが目的である．そのために，この関数空間へのある意味の計量を導入するため，その空間の内積がカーネル関数で表現されるものとする．その意味でこの関数空間はカーネル関数を内積とする 1 つのヒルベルト空間を構成するものと考えられる．問題は，与えられたカーネル関数を内積としてもつヒルベルト空間が構成できるかということである．この空間が以下に述べる再生核ヒルベルト空間と呼ばれるものであ

る．実際のデータ解析の状況を考えるため，p 次元観測データが n 個 (有限個) 与えられているものとする．それらを，

$$\boldsymbol{x}_1, \boldsymbol{x}_2, \ldots, \boldsymbol{x}$$

とする．データの存在する $\mathcal{R}^p$ から，ある関数空間 $\mathcal{H}$ への写像を

$$\phi(\boldsymbol{x}) \ : \ \mathcal{R}^p \ \rightarrow \ \mathcal{H}$$

とし，写像された $\mathcal{H}$ 上の点を，

$$\phi_1 = \phi(\boldsymbol{x}_1), \phi_2 = \phi(\boldsymbol{x}_2), \ldots, \phi_n = \phi(\boldsymbol{x}_n)$$

と表す．このとき，カーネル関数が $\kappa(\boldsymbol{y}, \boldsymbol{x})$ と与えられているとき，変数 $\boldsymbol{x}$ を固定して考えるならば，任意の $\boldsymbol{x}$ に対して，つぎのような関数が得られる．

$$\kappa(\cdot\ ,\ \boldsymbol{x}) \ : \ \mathcal{R}^p \ \rightarrow \ \mathcal{R} \tag{5.7}$$

そこで，$\kappa(\cdot\ ,\ \boldsymbol{x}_i)$ の線形結合のすべてからなる関数空間を $\mathcal{H}_\kappa$ とおく．すなわち，

$$\mathcal{H}_\kappa \ni f(\cdot) = \sum_{i=1}^{n} \alpha_i \kappa(\cdot\ ,\ \boldsymbol{x}_i), \quad \alpha_i \in \mathcal{R} \tag{5.8}$$

ここに，$(\cdot)$ は固定された変数と区別するための記法であり，$\mathcal{R}^p$ 上の流通変数を表す．$\mathcal{H}_\kappa$ 上の任意の 2 つの要素

$$f(\cdot) = \sum_{i=1}^{n} \alpha_i \kappa(\cdot\ ,\ \boldsymbol{x}_i), \quad g(\cdot) = \sum_{j=1}^{m} \beta_j \kappa(\cdot\ ,\ \boldsymbol{x}_j) \tag{5.9}$$

に対して，内積をつぎのように定義する．

$$\langle f(\cdot), g(\cdot) \rangle = \sum_{i=1}^{n} \sum_{j=1}^{m} \alpha_i \beta_j \kappa(\boldsymbol{x}_i, \boldsymbol{x}_j) \tag{5.10}$$

この定義から，2 変数関数としての内積に関する双線形性はつぎの関係が成り立つことからわかる．任意の $f, g, h \in \mathcal{H}_\kappa$ と $a, b \in \mathcal{R}$ に対して，

$$\langle af + bg,\ h \rangle = a\langle f, h \rangle + b\langle g, h \rangle \tag{5.11}$$

さらに，$\kappa(\boldsymbol{x}_i, \boldsymbol{x}_j)$ が半正定符号であるから，

$$\langle f, f \rangle = \sum_{i=1}^{n} \sum_{j=1}^{n} \alpha_i \alpha_j \kappa(\boldsymbol{x}_i, \boldsymbol{x}_j) \geq 0 \tag{5.12}$$

が成り立つので，任意の要素 f のノルムを

$$\|f\|^2 \equiv \langle f, f \rangle$$

と定義すると，ノルムの非負性を示すことができる．また，$\mathcal{H}_\kappa$ における内積の定義において，$g = \kappa(\cdot\ ,\ \boldsymbol{x})$ とおくと，

$$\langle f, \kappa(\cdot\ ,\ \boldsymbol{x}) \rangle = \sum_{i=1}^{n} \alpha_i \kappa(\boldsymbol{x}, \boldsymbol{x}_i) = f(\boldsymbol{x}) \tag{5.13}$$

が成り立つ．この関係に f の代わりに $\kappa(\cdot\ ,\ \boldsymbol{y})$ を代入すると

$$\langle \kappa(\cdot\ ,\ \boldsymbol{y}), \kappa(\cdot\ ,\ \boldsymbol{x}) \rangle = \kappa(\boldsymbol{y}, \boldsymbol{x}) \tag{5.14}$$

が得られる．ここで，コーシー・シュヴァルツの不等式を適用することによって，

$$f(\boldsymbol{x}) = \langle \kappa(\cdot\ ,\ \boldsymbol{x}), f \rangle^2 \leq \kappa(\boldsymbol{x}, \boldsymbol{x}) \langle f, f \rangle$$

が成り立つ．この関係からつぎの性質が導かれる．

$$\langle f, f \rangle = 0 \quad \Longleftrightarrow \quad f \equiv 0$$

これらの関係から $\mathcal{H}_\kappa$ はヒルベルト空間であることを示すことができる．また，一般に，$\mathcal{H}_\kappa$ の要素 f に対して，(5.13) に示した性質をもつ $\mathcal{R}^p \times \mathcal{R}^p$ 上の関数 $\kappa(\cdot\ ,\ \cdot)$ が存在することを $\mathcal{H}_\kappa$ は再生核をもつといい，この空間を再生核ヒルベルト空間という．

カーネル関数 $\kappa(\boldsymbol{x}, \boldsymbol{y})$ および，$\mathcal{R}^p$ から $\mathcal{H}_\kappa$ への写像 $\phi(\boldsymbol{x})$ 与えられたとき，(5.14) の関係から，この空間の内積を

$$\langle \phi(\boldsymbol{x}), \phi(\boldsymbol{y}) \rangle \equiv \kappa(\boldsymbol{x}, \boldsymbol{y})$$

と定義する．

5.2　カーネル正準判別関数

観測データが (5.1) のように K 群についての p 変数データが与えられているものとする．カーネル関数法では，p 変数データが，カーネル関数 κ によって定まる再生核ヒルベルト空間 $\mathcal{H}_\kappa$ へ写像されたものを考える．

$$\mathcal{R} \ni \boldsymbol{x}_j^{(g)} \ \rightarrow \ \phi_j^{(g)} = \phi\big(\boldsymbol{x}_j^{(g)}\big) \in \mathcal{H}_\kappa,$$
$$j = 1, 2, \ldots, n_g; \ g = 1, 2, \ldots, K$$

したがって，関数空間 $\mathcal{H}_\kappa$ にデータ $\left\{\phi_j^{(g)}\right\}$ が与えられたものとして，この空間で線形モデル

$$y = \langle \boldsymbol{\omega}, \phi(\boldsymbol{x}) \rangle, \quad \boldsymbol{\omega} \in \mathcal{H}_\kappa \tag{5.15}$$

を考える．すなわち，従来の正準判別関数と全く同様に y (一般には多次元) によって与えられた群がよく判別できるように関数空間での射影方向 $\boldsymbol{\omega}$ を決定しようとすることが目的である．このとき，関数空間でのベクトル $\boldsymbol{\omega}$ の次元は無限次元である．しかし，第 1 章と同様に (1.12) の基準の形から固有値問題に帰着できるので，$\boldsymbol{\omega}$ を $\left\{\phi\big(\boldsymbol{x}_j^{(g)}\big)\right\}$ の張る空間へ射影したものを

$$\boldsymbol{\omega} = \sum_{g=1}^{K} \sum_{j=1}^{n_g} \alpha_j^{(g)} \phi\big(\boldsymbol{x}_j^{(g)}\big) \tag{5.16}$$

として，ここでの係数 $\alpha_j^{(g)}$ をデータから推定することを考える．この表現を用いると (5.15) はつぎのように表される．

$$\begin{aligned} y_i^{(g)} = \left\langle \boldsymbol{\omega}, \phi\big(\boldsymbol{x}_i^{(g)}\big) \right\rangle &= \left\langle \sum_{h=1}^{K} \sum_{j=1}^{n_h} \alpha_j^{(h)} \phi\big(\boldsymbol{x}_j^{(h)}\big), \ \phi\big(\boldsymbol{x}_i^{(g)}\big) \right\rangle \\ &= \sum_{h=1}^{K} \sum_{j=1}^{n_h} \alpha_j^{(h)} \left\langle \phi\big(\boldsymbol{x}_j^{(h)}\big), \ \phi\big(\boldsymbol{x}_i^{(g)}\big) \right\rangle \\ &= \sum_{h=1}^{K} \sum_{j=1}^{n_h} \alpha_j^{(h)} \kappa\left(\boldsymbol{x}_j^{(h)}, \boldsymbol{x}_i^{(g)}\right) \end{aligned} \tag{5.17}$$

この表現がカーネル法において本質的である．カーネル関数が与えられたと

き，観測データの空間 $\mathcal{R}^p$ から関数空間 $\mathcal{H}_\kappa$ への (非線形) 写像 $\phi(\boldsymbol{x})$ は陽には与えられないが，$\mathcal{H}_\kappa$ の存在さえわかれば，その内積としてのカーネル関数を用いてモデルを表現できることを示している．これがいわゆる“カーネルトリック”といわれている所以である．

ここで，表現を見やすくするため，K 群のデータをすべて並べ，それらに番号を 1 から総数 n まで付けてつぎのように表す．

$$\bigcup_{g=1}^{K}\left\{\boldsymbol{x}_1^{(g)},\ \boldsymbol{x}_2^{(g)},\ldots,\ \boldsymbol{x}_{n_1}^{(g)}\right\}=\{\boldsymbol{x}_1,\ \boldsymbol{x}_2,\ldots,\ \boldsymbol{x}_n\} \tag{5.18}$$

この番号付けを用いて $\alpha_j^{(h)}$ も対応する番号に置き換えて $\alpha_1,\ldots,\alpha_n$ とおき，(5.17) を

$$y_i^{(g)}=\sum_{\ell=1}^{n}\alpha_\ell\kappa\left(\boldsymbol{x}_\ell,\boldsymbol{x}_i^{(g)}\right) \tag{5.19}$$

と表す．これを正準判別関数とみなして y の級間偏差平方和と級内偏差平方和の比を最大にするように係数 $\boldsymbol{\alpha}$ を推定する．そのために，

$$\bar{y}^{(g)}=\frac{1}{n_g}\sum_{i=1}^{n_g}y_i^{(g)},\quad \bar{y}=\frac{1}{n}\sum_{g=1}^{k}n_g\bar{y}^{(g)}$$

として，つぎのような行列およびベクトルを定義する．

$$\underset{(n\times n_g)}{\boldsymbol{K}^{(g)}}=\begin{bmatrix}\kappa\left(\boldsymbol{x}_1^{(g)},\boldsymbol{x}_1\right) & \cdots & \kappa\left(\boldsymbol{x}_{n_g}^{(g)},\boldsymbol{x}_1\right)\\ \vdots & \ddots & \vdots\\ \kappa\left(\boldsymbol{x}_1^{(g)},\boldsymbol{x}_n\right) & \cdots & \kappa\left(\boldsymbol{x}_{n_g}^{(g)},\boldsymbol{x}_n\right)\end{bmatrix}$$

$$\underset{(n\times 1)}{\bar{\boldsymbol{K}}^{(g)}}=\begin{bmatrix}\bar{K}_1^{(g)}\\ \vdots\\ \bar{K}_n^{(g)}\end{bmatrix}=\begin{bmatrix}\dfrac{1}{n_g}\displaystyle\sum_{i=1}^{n_g}\kappa\left(\boldsymbol{x}_i^{(g)},\boldsymbol{x}_1\right)\\ \vdots\\ \dfrac{1}{n_g}\displaystyle\sum_{i=1}^{n_g}\kappa\left(\boldsymbol{x}_i^{(g)},\boldsymbol{x}_n\right)\end{bmatrix}$$

$$\underset{(n\times 1)}{\bar{\boldsymbol{K}}}=\begin{bmatrix}\bar{K}_1\\ \vdots\\ \bar{K}_n\end{bmatrix}=\begin{bmatrix}\dfrac{1}{n}\displaystyle\sum_{g=1}^{k}\sum_{i=1}^{n_g}\kappa\left(\boldsymbol{x}_i^{(g)},\boldsymbol{x}_1\right)\\ \vdots\\ \dfrac{1}{n}\displaystyle\sum_{g=1}^{k}\sum_{i=1}^{n_g}\kappa\left(\boldsymbol{x}_i^{(g)},\boldsymbol{x}_n\right)\end{bmatrix}$$

さらに,

$$\boldsymbol{\Phi}_W = \sum_{g=1}^{k} \sum_{i=1}^{n_g} \left(y_i^{(g)} - \bar{y}^{(g)} \right)^2 \equiv \boldsymbol{\alpha}' \boldsymbol{W}^{\phi} \boldsymbol{\alpha} \tag{5.20}$$

$$\boldsymbol{\Phi}_B = \sum_{g=1}^{k} n_g \left(\bar{y}^{(g)} - \bar{y} \right)^2 \equiv \boldsymbol{\alpha}' \boldsymbol{B}^{\phi} \boldsymbol{\alpha} \tag{5.21}$$

とおくと,ここに

$$\boldsymbol{B}^{\phi} = \sum_{g=1}^{k} n_g \left(\bar{\boldsymbol{K}}^{(g)} - \bar{\boldsymbol{K}} \right) \left(\bar{\boldsymbol{K}}^{(g)} - \bar{\boldsymbol{K}} \right)' \tag{5.22}$$

$$\boldsymbol{W}^{(g)} = \left(\boldsymbol{K}^{(g)} \boldsymbol{K}^{(g)\prime} - n_g \bar{\boldsymbol{K}}^{(g)} \bar{\boldsymbol{K}}^{(g)\prime} \right) \tag{5.23}$$

$$\boldsymbol{W}^{\phi} = \sum_{g=1}^{k} \boldsymbol{W}^{(g)} \tag{5.24}$$

として得られる.このとき,正準判別関数を得る基準は

$$\eta^2(\boldsymbol{\alpha}) = \frac{\boldsymbol{\Phi}_B}{\boldsymbol{\Phi}_{\boldsymbol{W}}} = \frac{\boldsymbol{\alpha}' \boldsymbol{B}^{\phi} \boldsymbol{\alpha}}{\boldsymbol{\alpha}' \boldsymbol{W}^{\phi} \boldsymbol{\alpha}} \tag{5.25}$$

通常 $\boldsymbol{\alpha}' \boldsymbol{W}^{\phi} \boldsymbol{\alpha} = 1$ の条件の下で,η^2 を最大にするにはつぎの行列方程式の最大固有値に対応する固有ベクトルとして求めればよい.

$$\boldsymbol{B}^{\phi} \boldsymbol{\alpha} = \eta^2 \boldsymbol{W}^{\phi} \boldsymbol{\alpha} \tag{5.26}$$

ところが,これらの行列の定義からわかるように,観測データの標本サイズが n に対して,行列 $\boldsymbol{W}^{\phi}$ は $n \times n$ の行列であるから,その階数は多くの場合 n 以下である.しかし,上記の行列方程式を解くためには $\boldsymbol{W}^{\phi}$ の逆行列が必要となる.そこで,従来の方法では $\boldsymbol{W}^{\phi}$ に正則化項を追加して,すなわち,λ を正則化パラメータ,$\boldsymbol{I}$ を n 次単位行列として,

$$\tilde{\boldsymbol{W}}_{\lambda} = \boldsymbol{W}^{\phi} + \lambda \boldsymbol{I} \tag{5.27}$$

として,$\boldsymbol{W}^{\phi}$ を $\tilde{\boldsymbol{W}}_{\lambda}$ に置き換えて (5.26) の行列方程式を解く.このような正則化はその解釈として $\|\boldsymbol{\alpha}\|$ の大きさに関する罰則としてとらえることも可能であるが,その意味は明確ではないし,その正当性も明確に説明できない.しか

し，たとえ $\boldsymbol{W}^{\phi}$ が正則であったとしても総数 n 個のデータを K 個の群に判別するために n 次元の情報を利用するのであれば学習データ判別に関する誤判別率は 0%となることは明らかであり，過適合であることも明らかである．

モデル (5.17) におけるカーネル関数 $\kappa\left(\boldsymbol{x}_j^{(h)}, \boldsymbol{x}_i^{(g)}\right)$ の値は観測データから計算可能であるから，5.1 節で述べたようにこれをある種の非線形変数変換，すなわち，

$$\begin{aligned}\boldsymbol{z}(\boldsymbol{x}) &= [z_1(\boldsymbol{x}), z_2(\boldsymbol{x}), \cdots, z_n(\boldsymbol{x})] \\ &= [\kappa(\boldsymbol{x}_1, \boldsymbol{x}), \kappa(\boldsymbol{x}_2, \boldsymbol{x}), \ldots, \kappa(\boldsymbol{x}_n, \boldsymbol{x})]\end{aligned}$$

を p 次元から n 次元への変換と見なし，$\boldsymbol{z}$ を新しい変数考え，その観測データを

$$z_\ell\left(\boldsymbol{x}_i^{(g)}\right) = \kappa\left(\boldsymbol{x}_\ell, \boldsymbol{x}_i^{(g)}\right), \quad i = 1, 2, \ldots, n_g,\ g = 1, 2, \ldots K \tag{5.28}$$

なる n 個とするならば，カーネル正準判別関数 (5.19) はつぎのように表すことができる．

$$\begin{aligned}y_i^{(g)} &= \sum_{\ell=1}^{n} \alpha_\ell \kappa\left(\boldsymbol{x}_\ell, \boldsymbol{x}_i^{(g)}\right) \\ &= \sum_{\ell=1}^{n} \alpha_\ell z_\ell\left(\boldsymbol{x}_i^{(g)}\right)\end{aligned} \tag{5.29}$$

これは，変数 $z_1, z_2, \ldots, z_n$ に関する線形モデルとみなすことができる．さらに全観測データ数 n に対して n 変数と考えると，明らかに変数は冗長である．したがって，この正準判別関数に 3 章で述べた変数選択法を適用することによって冗長な部分を除去することができ，従来の正則化パラメータの導入なしに過学習を避け予測誤差を減少する，すなわちテストデータに対する判別効率を増加させることができる．

5.3 カーネル正準判別関数の計算例

ここでも UCI Machine Learning Repository (Asuncion and Newman, 2007) で公表されているデータから，ランドサットによる画像データ “sate” の判別問題を考えてみよう．個々のデータは 3×3 の隣接するピクセルからな

り各ピクセルに対して，4 種類の異なる周波数帯で観測されている．周波数は 2 種類の可視光線 (赤色と緑色に近い周波数) と 2 種類の赤外線であり，各周波数は 8 ビットで記録されている．したがって実際のデータ 0 から 255 の数値で表現されている．1 個体は 9 ピクセルで記述され，それが 4 周波数帯で記録されているから，属性数は $9 \times 4 = 36$ ということになる．また，観測領域は表 5.1 に示すとおり 6 つに分類されているおり，学習データは総数 445 が表 5.1 のとおり得られているものとする．

このデータに対して各変数は平均 0，分散 1 に標準化されているものとし，正規カーネル関数

$$\kappa(\boldsymbol{x}_i, \boldsymbol{x}_j) = \exp\left\{-\frac{1}{p}\|\boldsymbol{x}_i - \boldsymbol{x}_j\|^2\right\}$$
$$i, j = 1, 2, \ldots, 445; \quad p = 36$$

を用いて，(5.28) のように，

$$z_\ell\left(\boldsymbol{x}_i^{(g)}\right) = \kappa\left(\boldsymbol{x}_\ell, \boldsymbol{x}_i^{(g)}\right), \quad i = 1, 2, \ldots, n_g;\ g = 1, 2, \ldots, 6$$

とおく．$\boldsymbol{z}$ によってカーネル正準判別関数は (5.29) のように形式的に $n = 445$ 変数の線形モデル

$$y = \alpha_1 z_1 + \alpha_2 z_2 + \cdots + \alpha_{445} z_{445}$$

で表される．これを各群の情報 (表 5.1) に基づいて学習データを用いて正準判別関数に関する変数選択を行うと，つぎのような 20 変数が選択された．変数の順序は選択された順序である．ただし，変数の番号は (5.18) に従って，$\boldsymbol{x}_1^{(1)}$ から $\boldsymbol{x}_{104}^{(6)}$ までを通し番号で 1 から 445 まで付け替えたものである．

$$\begin{array}{cccccccccc} z_1 & z_{428} & z_{310} & z_{320} & z_{234} & z_{399} & z_{138} & z_{295} & z_{45} & z_{189} \\ z_{427} & z_{46} & z_{14} & z_{271} & z_{73} & z_{136} & z_{173} & z_{375} & z_{211} & z_{349} \end{array}$$

表 5.1 群 (外的基準) と学習データの標本サイズ

群番号	1	2	3	4	5	6	
群	赤色土壌	綿畑	灰色土壌	灰色の湿地	植物の刈跡地	沼地	n
標本数 (n_g)	108	48	96	42	47	104	445

したがって，非線形判別関数はこれらの線形結合として表される．この判別関数によって学習データを判別した結果が表 5.2 である．学習データに対する誤判別率は 5.2%である．

ここで，2000 個のテストデータ $\tilde{\boldsymbol{x}}_1, \ldots, \tilde{\boldsymbol{x}}_{2000}$ を，学習データを用いて得られたカーネル正準判別関数に代入して，群を予測した結果を表 5.3 に示した．

$$
\begin{aligned}
y_j^r = &\alpha_1^r \kappa(\boldsymbol{x}_1, \tilde{\boldsymbol{x}}_j) + \alpha_{428}^r \kappa(\boldsymbol{x}_{428}, \tilde{\boldsymbol{x}}_j) + \alpha_{310}^r \kappa(\boldsymbol{x}_{310}, \tilde{\boldsymbol{x}}_j) + \alpha_{320}^r \kappa(\boldsymbol{x}_{320}, \tilde{\boldsymbol{x}}_j) \\
&+\alpha_{234}^r \kappa(\boldsymbol{x}_{234}, \tilde{\boldsymbol{x}}_j) + \alpha_{399}^r \kappa(\boldsymbol{x}_{399}, \tilde{\boldsymbol{x}}_j) + \alpha_{138}^r \kappa(\boldsymbol{x}_{138}, \tilde{\boldsymbol{x}}_j) + \alpha_{295}^r \kappa(\boldsymbol{x}_{295}, \tilde{\boldsymbol{x}}_j) \\
&+\alpha_{45}^r \kappa(\boldsymbol{x}_{45}, \tilde{\boldsymbol{x}}_j) + \alpha_{189}^r \kappa(\boldsymbol{x}_{189}, \tilde{\boldsymbol{x}}_j) + \alpha_{427}^r \kappa(\boldsymbol{x}_{427}, \tilde{\boldsymbol{x}}_j) + \alpha_{46}^r \kappa(\boldsymbol{x}_{46}, \tilde{\boldsymbol{x}}_j) \\
&+\alpha_{14}^r \kappa(\boldsymbol{x}_{14}, \tilde{\boldsymbol{x}}_j) + \alpha_{271}^r \kappa(\boldsymbol{x}_{271}, \tilde{\boldsymbol{x}}_j) + \alpha_{73}^r \kappa(\boldsymbol{x}_{73}, \tilde{\boldsymbol{x}}_j) + \alpha_{136}^r \kappa(\boldsymbol{x}_{136}, \tilde{\boldsymbol{x}}_j) \\
&+\alpha_{173}^r \kappa(\boldsymbol{x}_{173}, \tilde{\boldsymbol{x}}_j) + \alpha_{375}^r \kappa(\boldsymbol{x}_{375}, \tilde{\boldsymbol{x}}_j) + \alpha_{211}^r \kappa(\boldsymbol{x}_{211}, \tilde{\boldsymbol{x}}_j) + \alpha_{349}^r \kappa(\boldsymbol{x}_{349}, \tilde{\boldsymbol{x}}_j)
\end{aligned}
$$

ただし，$r = 1, 2, 3, 4, 5\,(=$ 群の数 $- 1)$ は固有方程式の階数であり，$j = 1, \ldots, 2000$ である．予測の結果を表 5.3 に示した．

その結果，誤判別率は 21.1%であり，あまりよい結果ではないが，これを評

表 5.2 学習データの判別 (変数選択法)

		判別された群						
		1	2	3	4	5	6	
	1	108	0	0	0	0	0	108
外	2	0	47	0	1	0	0	48
的	3	0	0	95	1	0	0	96
基	4	0	0	0	40	0	2	42
準	5	0	0	0	0	43	4	47
	6	0	0	0	10	5	89	104

誤判別率：5.2%

表 5.3 テストデータの判別 (変数選択法)

		判別された群						
		1	2	3	4	5	6	
	1	419	1	4	32	3	2	461
外	2	0	199	1	4	20	0	224
的	3	7	0	377	8	1	4	397
基	4	0	2	70	125	1	13	211
準	5	20	12	8	9	129	59	237
	6	0	0	21	112	8	329	470

誤判別率：21.1%

表 **5.4** 学習データの判別 (正則化法：$\lambda = 0.5$)

		判別された群						
		1	2	3	4	5	6	
	1	108	0	0	0	0	0	108
外	2	0	47	0	1	0	0	48
的	3	0	0	95	1	0	0	96
基	4	0	0	0	38	0	7	42
準	5	0	0	0	0	42	5	47
	6	0	0	0	3	5	92	104

誤判別率：5.2%

表 **5.5** テストデータの判別 (正則化法：$\lambda = 0.5$)

		判別された群						
		1	2	3	4	5	6	
	1	385	0	3	0	19	1	461
外	2	1	196	0	3	13	0	224
的	3	7	2	381	72	7	20	397
基	4	36	2	5	118	15	103	211
準	5	32	23	1	1	136	8	237
	6	0	1	7	17	47	338	470

誤判別率：22.3%

価するために，従来の正則化パラメータを導入したカーネル正準判別関数と比較する．正則化パラメータ λ の値は 0.5 から 3.0 まで変化させて結果をみたとき，$\lambda = 0.5$ のときが，学習データに対する誤判別率とテストデータに対する誤判別率ともに最良であった．その結果を表 5.4，表 5.5 に示した．その結果，学習データに関してはほとんど同様な結果であるが，テストデータに関してはわずかであるが，変数選択法による方が予測誤差が小さい．

part II

クラスター分析

クラスター分析の目的は分類対象の集合の各要素 (個体) を個体間の類似度に基づき，いわゆる「似たもの同士」の部分集合に分類することである．この部分集合が「クラスター」と呼ばれる．人がものを認識するための基本的な操作，あるいは行為が分類であろう．この考え方は古くはアリストテレスによる動物の分類にまで遡り，各動物の名称はその分類 (クラスター) に付けられたラベルと考えることができる．またクラスター分析法は生物学における数値分類法 (numerical taxonomy) に始まるとされているが，最近ではランドサットデータによる雲の検出や地域の分割にいたるまで，数多くの分野で用いられている．

しかしながら，一口に分類といっても，分類のための外的基準や評価が与えられているわけではなく，クラスター分析という分析手法が1つだけ存在するわけではない．したがって，クラスター分析法にはいろいろな観点から種々の方法が提案されている．

また，ものを分類するということは，ある規則に従って個々の対象に対応するクラスのラベルを割り当てることと同値であるが，その割り当てが一意に決まらないことがある．この場合の解決法として，重複を許した分類やクラスに属すか否かではなく，クラスに属す度合いを与える，いわゆるファジィクラスタリングの方法がある．

一方，第I部で解説したように多変量データの分類手法として判別分析法が知られている．判別分析法は分類のための外的基準が与えられている，すなわち，観測データに分類のためのラベルが付けられており，これに基づき観測データを分類する方式をつくり，未知のデータを分類する方法である．

パターン認識の分野では，判別分析法を「教師付きの分類法」，クラスター分析法を「教師なしの分類法」などと呼ぶこともある．これは分類のための外的基準があるか否かを表したものである．

chapter 6

類似度および非類似度

6.1　分析の対象となるデータ

クラスター分析の対象となるデータは大きく分けて 2 つの型に分けることができる．その 1 つは，各個体 (分類対象) に関して，いくつかの属性 (変量) の値が観測されているものであり，(個体)×(属性) の型で表現される．表 6.1 は個体数を n，変量数を p とした場合である．もう 1 つは表 6.2 のように，個体間の類似度あるいは非類似度が直接観測されているものであり，通常 $n \times n$ の行列で表現される．

ここで，問題となることは変量や類似度がいかなる尺度で測定されているかである．ここに測定 (measurement) とは「事物のある性質を表すために数 (実数) を割り当てること」ということができ，尺度 (scale) とは「測定にかかわる数値の割り当てに関する経験的操作 (数学的には，許容される変換)」によって定義されるものである．クラスター分析では，変量の値が 2 値的なものも扱うことから，ここではスティーブンス (Stevens, 1951) による古典的な尺度論の立場をとり，表 6.3 に示すような 4 つの尺度を考えよう．

表 6.1　観測データ (個体 × 属性)

		属性 (変量)			
		x_1	x_2	$\cdots$	x_p
	1	x_{11}	x_{12}	$\cdots$	x_{1p}
個	2	x_{21}	x_{22}	$\cdots$	x_{2p}
体	$\vdots$	$\vdots$	$\vdots$	$\cdots$	$\vdots$
	n	x_{n1}	x_{n2}	$\cdots$	x_{np}

表 6.2　類似度 (非類似度) の観測データ

		個		体		
		1	2	3	$\cdots$	n
	1	s_{11}	s_{12}	s_{13}	$\cdots$	s_{1n}
個	2	s_{21}	s_{22}	s_{23}	$\cdots$	s_{2n}
	3	s_{31}	s_{32}	s_{33}	$\cdots$	s_{3n}
体	$\vdots$	$\vdots$	$\vdots$	$\vdots$	$\cdots$	$\vdots$
	n	s_{n1}	s_{n2}	s_{n3}	$\cdots$	s_{nn}

表 6.3 尺度の分類

尺　度	経験的操作	具体例	尺度不変な変換群
名義尺度 nominal scale	同一か否かを決定	カテゴリカルデータ，アンケートの「はい」や「いいえ」など	置換群
順序尺度 ordinal scale	大小関係を決定	官能検査値 (紅茶のランクづけ)，順序カテゴリ (広い－狭い，長い－短い，など)	単調変換群
間隔尺度 interval scale	差 (間隔) が等しいか否かを決定	温度 (摂氏，華氏)，時刻，位置	アフィン変換群
比例尺度 ratio scale	比の等しさを決定	長さ，重さ，絶対温度	相似変換群

尺度間はそれぞれ無関係ではなくそれらの概念には互いに包含関係がある．すなわち，2つの長さの差には意味があることから，比例尺度は間隔尺度の性質をもつ．また，温度は摂氏で測ろうが華氏で測ろうが高いか低いかの区別があり，間隔尺度は順序尺度でもある．さらに，大小関係が与えられるならば，同一か否かの決定は可能であるから，順序尺度は名義尺度であるということができる．

6.2 類似度・非類似度の定義

分類対象となる個体間の似ている度合いを数値的に表現したものを類似度と呼び，類似度は値の大きいほど似ていると考える．これに対して似ていない程度を表現したものを非類似度と呼び，これは逆に値の小さいほど似ているものと考える．

① 非類似度の定義

個体の集合を $I = \{1, 2, \ldots, n\}$ と表すとき，個体相互間の非類似度 D は関数

$$D\ :\ I \times I \longrightarrow R^{+}, \quad \text{非負の実数空間}$$

で表され，個体の対 (i, j) に対する関数値を行列 $\boldsymbol{D} = [d_{ij}]$ で表すとき，

$$d_{ij} \geq 0, \quad d_{ii} = 0 \tag{6.1}$$

を満たすものとする．このとき，(6.1) に加えて，

$$\forall(i,j,k) \in I \times I \times I, \quad d_{ij} \leq d_{jk} + d_{ki} \tag{6.2}$$

を満たす非類似度を半距離 (semi-distance) という．非類似度が

$$\forall(i,j) \in I \times I, \quad d_{ij} = 0 \Longleftrightarrow i = j \tag{6.3}$$

を満たすとき，定値 (definite) であるといい，さらに

$$d_{ij} = 0 \Longrightarrow \forall k \in I, \ d_{ik} = d_{jk}$$

を満たすとき，半定値 (semi-definite) であるという．

② 類似度の定義

類似度 S は，非類似度と同様に関数

$$S : I \times I \longrightarrow R^+$$

で表され，個体の対 (i,j) に対する関数値を行列 $\boldsymbol{S} = [s_{ij}]$ で表すとき，

$$\forall(i,j) \in I \times I, \quad s_{ii} \geq s_{ij}$$

を満たすものとする．このとき，

$$\forall(i,j) \in I \times I, \quad s_{ii} > s_{ij}$$

を満たす類似度は固有 (proper) であるといい，固有であり，かつ

$$\forall i \in I, \quad s_{ii} = 1$$

を満たすとき，これを計量的 (normed) であるという．

各個体が p 個の属性 (変量) に関して測定されているものとする．すなわち，個体 i および j について p 個の属性の値がつぎのように与えられているものとする．個体 i のとる変量の値からなるベクトルを x_i と表し，その値も含めて個体 x_i という言い方をすることもある．

個体	変量 (属性) の値
i	$\boldsymbol{x}_i$: $x_{i1}, x_{i2}, \ldots, x_{ip}$
j	$\boldsymbol{x}_j$: $x_{j1}, x_{j2}, \ldots, x_{jp}$

変量の値およびその尺度に基づき，次節に示すような類似度あるいは非類似度が用いられている．

6.3 類似度・非類似度の適用例

6.3.1 間隔尺度 (比例尺度) への適用

非類似度の代表的な概念は変量の空間 $\mathcal{R}^p$ における距離関数である．距離関数とは $\mathcal{R}^p \times \mathcal{R}^p$ から非負の実数空間 $\mathcal{R}^+$ への写像，すなわち，任意の $\boldsymbol{x}, \boldsymbol{y} \in \mathcal{R}^p$ に対して，関数値 $d(\boldsymbol{x}, \boldsymbol{y}) \in \mathcal{R}^+$ が定まり，つぎの条件を満たす．

① $d(\boldsymbol{x}, \boldsymbol{y}) = 0$ となるのは $\boldsymbol{x} = \boldsymbol{y}$ のときに限る．

② すべての $\boldsymbol{x}, \boldsymbol{y} \in \mathcal{R}^p$ に対して，$d(\boldsymbol{x}, \boldsymbol{y}) \geq 0$

③ すべての $\boldsymbol{x}, \boldsymbol{y} \in \mathcal{R}^p$ に対して，$d(\boldsymbol{x}, \boldsymbol{y}) = d(\boldsymbol{y}, \boldsymbol{x})$

④ すべての $\boldsymbol{x}$ および $\boldsymbol{y}, \boldsymbol{z} \in \mathcal{R}^p$ に対して，$d(\boldsymbol{x}, \boldsymbol{y}) \leq d(\boldsymbol{x}, \boldsymbol{z}) + d(\boldsymbol{y}, \boldsymbol{z})$

これらの意味は，自分自身の間の距離は常に 0 であるし，距離が 0 ならば互いは $\mathcal{R}^p$ 上の同一の点であること，さらに，距離は常に正か 0 である．また，距離関数は対称であること．すなわち，$\boldsymbol{x}$ から $\boldsymbol{y}$ への距離と $\boldsymbol{y}$ から $\boldsymbol{x}$ への距離は等しい．通常，距離関数は対称であることが条件となるが，現実には心理的な距離，たとえば,「A さんと B さんは随分距離をおいた付き合いをしている」などという会話にでてくる心理的な距離は必ずしも対称ではない．すなわち A さんから B さんへの心理的距離 (好き，嫌いの程度など) は B さんから A さんへの距離を等しいとは限らない．このような場合を扱うためには，非対称性を許容する距離空間を考える必要があるが，ここでは対称な場合のみを扱う．条件④はいわゆる三角不等式と呼ばれるものであり，距離関数としては本質的な性質であり，3 点があれば必ず三角形が作られ，三角形の 3 辺の長さに対する条件である．

問題に適した距離関数を構成することは実際には難しい問題であるが，少なくとも 2 つの距離関数 $d_1(\boldsymbol{x}, \boldsymbol{y})$ および $d_2(\boldsymbol{x}, \boldsymbol{y})$ があるとき，

$$d_1(\boldsymbol{x}, \boldsymbol{y}) + d_2(\boldsymbol{x}, \boldsymbol{y})$$

はまた距離関数になる．これは上記の条件①～④を確かめればよいが，①～③は定義から明らかであるので，④を考えてみると，それぞれの関数は

$$d_1(\boldsymbol{x}, \boldsymbol{y}) \leq d_1(\boldsymbol{x}, \boldsymbol{z}) + d_1(\boldsymbol{y}, \boldsymbol{z})$$

$$d_2(\boldsymbol{x},\boldsymbol{y}) \le d_2(\boldsymbol{x},\boldsymbol{z}) + d_2(\boldsymbol{y},\boldsymbol{z})$$

を満たしているので，つぎが成立する．

$$\begin{aligned} d(\boldsymbol{x},\boldsymbol{y}) &= d_1(\boldsymbol{x},\boldsymbol{y}) + d_2(\boldsymbol{x},\boldsymbol{y}) \\ &\le \{d_1(\boldsymbol{x},\boldsymbol{z}) + d_1(\boldsymbol{y},\boldsymbol{z})\} + \{d_2(\boldsymbol{x},\boldsymbol{z}) + d_2(\boldsymbol{y},\boldsymbol{z})\} \\ &= \{d_1(\boldsymbol{x},\boldsymbol{z}) + d_2(\boldsymbol{x},\boldsymbol{z})\} + \{d_1(\boldsymbol{y},\boldsymbol{z}) + d_2(\boldsymbol{y},\boldsymbol{z})\} \\ &= d(\boldsymbol{x},\boldsymbol{z}) + d(\boldsymbol{y},\boldsymbol{z}) \end{aligned}$$

ところが，2つの距離関数の積

$$d_1(\boldsymbol{x},\boldsymbol{y}) \cdot d_2(\boldsymbol{x},\boldsymbol{y})$$

は距離関数にはならない．つまり，距離関数の平方は距離関数とはならない．さらに，距離関数の定数倍はまた距離関数となるが，距離関数に定数を加えたものは距離関数にはならない．これに関して興味ある関数としてつぎのことが知られている (Anderverg, 1973)．$d(\boldsymbol{x},\boldsymbol{y})$ を距離関数とし，c を任意の正の実数とするとき，

$$\tilde{d}(\boldsymbol{x},\boldsymbol{y}) = \frac{d(\boldsymbol{x},\boldsymbol{y})}{d(\boldsymbol{x},\boldsymbol{y}) + c}$$

は距離関数となる．これも条件①～③は明らかであるから，条件④についてのみ考えてみよう．いま三角不等式に対応して，$d(\boldsymbol{x},\boldsymbol{y}) = w$ および $d(\boldsymbol{x},\boldsymbol{z}) = u$, $d(\boldsymbol{x},\boldsymbol{y}) = v$ とおくと，$u + v \ge w$ であり，$\tilde{d}$ が三角不等式を満たすためには，

$$\frac{w}{w+c} \le \frac{u}{u+c} + \frac{v}{v+c}$$

が成り立てばよい．それはつぎのように示すことができる．もし，$w = 0$ ならば，上記目的の不等式は明らかに成り立つ．つぎに，$v \ge w$ ならば，

$$\frac{1}{v} \le \frac{1}{w} \quad \Longrightarrow \quad \frac{c}{v} \le \frac{c}{w} \quad \Longrightarrow \quad \frac{v+c}{v} \le \frac{w+c}{w}$$

であるから，

$$\frac{v}{v+c} \ge \frac{w}{w+c}$$

が成り立つので，$u/(u+c)$ の項が非負であるから常に目的の不等式が成り立つ．$u \geq w$ の場合も全く同様な議論で

$$\frac{u}{u+c} \geq \frac{w}{w+c}$$

が成り立つので，目的の不等式が成立する．さらに，$v < w$ かつ $u < w$ ならば，

$$v < w \quad \Longrightarrow \quad \frac{v+c}{v} < \frac{w+c}{v} \quad \Longrightarrow \quad \frac{v}{v+c} > \frac{v}{w+c}$$

同様に，

$$u < w \quad \Longrightarrow \frac{u}{u+c} > \frac{u}{w+c}$$

であるから，

$$\frac{u}{u+c} + \frac{v}{v+c} > \frac{u}{w+c} + \frac{v}{w+c} > \frac{w}{w+c}$$

が成り立ち，いずれの場合にも目的の不等式を証明することができる．

距離の条件に加えて

$$d(\boldsymbol{x}, \boldsymbol{y}) \leq \max\{d(\boldsymbol{x}, \boldsymbol{z}), d(\boldsymbol{y}, \boldsymbol{z})\}$$

が成り立つとき，$d(\boldsymbol{x}, \boldsymbol{y})$ を超距離 (ultrametric) と呼ぶ (Johnson, 1967)．後に階層的クラスタリングにおいて重要な役割を果たす．

具体的な距離関数として最も広いクラスのものとしてつぎの重み付きミンコフスキー距離が知られている．

a.　重み付きミンコフスキー距離 (非類似度)

$$d_{(q)}(\boldsymbol{x}_i, \boldsymbol{x}_j) = \left(\sum_{k=1}^{p} w_k |x_{ik} - x_{jk}|^q\right)^{1/q}, \quad w_k > 0,\ \ q \geq 1 \qquad (6.4)$$

この距離は特別な場合として様々な距離を含んでいる．重さがすべて 1，すなわち $w_1 = w_2 = \cdots = w_p = 1$ のとき，これは L_q–ノルムと呼ばれているものであり，

$$d_{(q)}(\boldsymbol{x}_i, \boldsymbol{x}_j) = \left(\sum_{k=1}^{p} |x_{ik} - x_{jk}|^q\right)^{1/q}$$

となる．$q = 1$ のときは市街距離 (city block distance) あるいは L_1–ノルムと呼ばれており，

$$d_{(1)}(\boldsymbol{x}_i, \boldsymbol{x}_j) = \sum_{k=1}^{p} |x_{ik} - x_{jk}|$$

また，$q = 2$ のときユークリッド距離 (Euclidean distance) である．

$$d_{(2)}(\boldsymbol{x}_i, \boldsymbol{x}_j) = \left(\sum_{k=1}^{p} (x_{ik} - x_{jk})^2 \right)^{1/2}$$

さらに，$q = \infty$ のとき一様ノルム (uniform norm) と呼ばれており，

$$d_{(\infty)}(\boldsymbol{x}_i, \boldsymbol{x}_j) = \max_{k=1,2,\ldots,p} |x_{ik} - x_{jk}|$$

と表される．距離関数の特徴を表すものに $d_q(\boldsymbol{x}_i, \boldsymbol{x}_j) = 1$，特に $\boldsymbol{x}_j = 0$ として原点から距離が 1 である点の作る曲面である基準曲面 (indicatrix) と呼ばれるものがある．ユークリッド距離の場合には単位球面を表す．2 次元の場合にこれらの関係を図示したものが図 6.1 である．

一方，重み w_k はクラスタリングにおいては重要な役割を果たす．たとえば個体 1 と個体 2 のついて，変量 x_1 の値が 100 と 200 であり，x_2 の値が 0.1 とか 0.2 であるとき，ユークリッド距離を単純に計算すると，

$$d_{12}^2 = (100 - 200)^2 + (0.1 - 0.2)^2 = 10000 + 0.01$$

となり，距離 d_{12} に対して変量 x_1 と変量 x_2 の寄与する割合が大きく異なる．

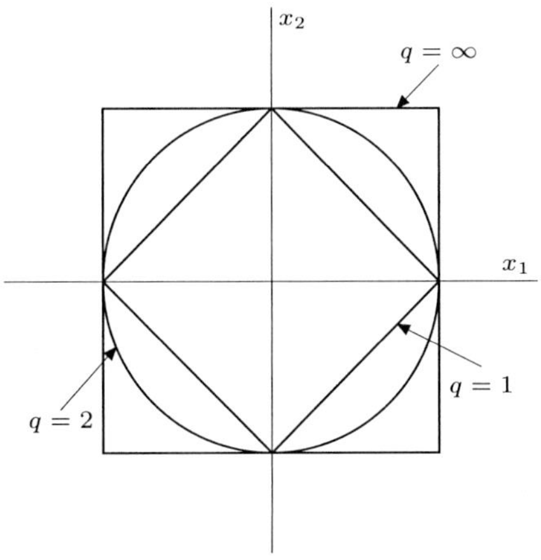

図 6.1　ミンコフスキー距離の基準 (単位) 円

したがって，問題により，x_2 の値の差が分類 (クラスタリング) に重要な意味をもつ場合には，変量の重さ w_1, w_2 を適当に調整することが重要である．重さを具体的に決める方法の 1 つとして，つぎのような各変量の分散 (標本分散)s_k^2 を計算し，

$$s_k^2 = \frac{1}{n-1}\sum_{i=1}^{n}(x_{ik}-\bar{x}_k)^2, \quad \bar{x}_k = \frac{1}{n}\sum_{i=1}^{n}x_{ik}$$

重み w_k を標本標準偏差 s_k の逆数

$$w_k = \frac{1}{s_k}$$

あるいはそれの適当なベキ乗などが用いられる．この考え方をさらに一般化して変量間の共分散を考慮したものがつぎのマハラノビスの平方距離である．

b.　マハラノビスの平方距離 (非類似度)

変量 x_k と x_ℓ の共分散 (標本共分散) $s_{k\ell}$ を

$$s_{k\ell} = \frac{1}{n-1}\sum_{i=1}^{n}(x_{ik}-\bar{x}_k)(x_{i\ell}-\bar{x}_\ell)$$

とし，$s_{k\ell}$ からなる行列を $\boldsymbol{S}$ とするとき，個体 $\boldsymbol{x}_i$ と $\boldsymbol{x}_j$ との平方距離をつぎのように与える．

$$d_{ij}^2 = (\boldsymbol{x}_i - \boldsymbol{x}_j)'\boldsymbol{S}^{-1}(\boldsymbol{x}_i - \boldsymbol{x}_j)$$

ただし，$\boldsymbol{S}^{-1}$ は共分散行列の逆行列である．ここで注意すべきことは一般に行列 $\boldsymbol{S}$ の逆行列が存在するとは限らないし，また存在したとしても $\boldsymbol{S}$ の行列式が 0 に近い値をとるときには $\boldsymbol{S}^{-1}$ 値が不安定になることは言うまでもない．このようなことが起こる原因は変量間に線形関係 (多重共線性) が存在する場合である．この場合には変量の選択を適当に行う必要がある．通常は相関の高い変量のどちらかを削除する．これは，一方の変量を削除しても全体の情報がそれほど減少しないだろうということから行われる．しかし，必ずしも 2 変量間だけの関係ではない場合もあるので注意を要する．クラスター分析は外的基準をもたないため，変量選択の理論は難しいが，たとえば，ある変量を削除した場合にクラスタリングの結果がどの程度変化するかを捉えることによって，すなわち変量の感度分析的な基準も考えられる．

データが与えられたとき，a 項のタイプの距離関数を用いるのか，b 項のマハ

ラノビスの平方距離を用いるのかは，測定された変量の値とそれによるクラスターの特徴の表現との関係によって決定しなければならない．b 項のマハラノビスの平方距離においては変量のもつ分散の情報が無視できる (変量の基準化) 場合であるが，変量の分散が重要な意味をもつ場合もあるし，一方変量の分散が極端に異なる場合にはそれが結果に悪影響を及ぼすことも確かである．この点を十分考慮に入れて分析を行う必要がある．

c.　角分離度 (angular separation)(類似度)

類似度の代表的な測度である．すなわち，個体の測定値を表すベクトル x_i と x_j とのなす角の余弦 (cos) によって類似度を表すものである．

$$s_{ij} = \frac{\sum_{k=1}^{p} x_{ik}x_{jk}}{\sqrt{\sum_{k=1}^{p} x_{ik}^2 \sum_{\ell=1}^{p} x_{j\ell}^2}}$$

角度の意味から，この量は個体のベクトル x_i の長さは無視されることに注意すべきである．

6.3.2　名義尺度への適用

ここでは 0 と 1 の値をとる 2 値変量で観測されているものとする．すなわち，

$$x_{ik} = \begin{cases} 1\text{：個体 } i \text{ が属性 } k \text{ をもつとき} \\ 0\text{：個体 } i \text{ が属性 } k \text{ をもたないとき} \end{cases}$$

このとき，個体 i と個体 j について，各成分の値を比較すると，表 6.4 の 4 通りの個数 (a, b, c, d) と p の値によって，様々な類似度が知られている．

すなわち，a は個体 i と j がともに 1 と反応 (答えた) 変量 (カテゴリー) の

表 6.4　クロス集計表

		個体 i 1	0	
個体 j	1	a	b	$a+b$
	0	c	d	$c+d$
		$a+c$	$b+d$	p

個数，b は個体 i が 0 と個体 j が 1 と反応した個数，c は個体 i が 1 と個体 j が 0 と反応した個数，d は共に 0 と反応した個数である．そのとき，個体間の類似度として表 6.5 のようなものが知られている．これらの類似度を実際に利用するときに注意すべきことは，上記の量 a と d に同じ意味をもたせることが妥当か否かの検討である．たとえばいくつかの性質をもつかどうかを質問し，もつを 1 で，もたないを 0 として観測したとき，共にもつ性質の個数が a であり，共にもたない性質の個数が d である．このとき，共に同じ性質を多くもつ (a が大きい) 個体同士が類似していると考えることは妥当であるが，共有しない性質の個数が多い (d が大きい) 個体同士が類似しているとみなすことが妥当かどうかという問題である．全く異なる個体同士なので，共に同じ性質をもたないことも考えられる．

表 6.5 の類似度で，たとえば Rao の類似度と Jaccard の類似度を比較してみ

表 6.5　2 値データに対する種々の類似度

(1)	Rao	$s_{ij} = \dfrac{a}{p}$
(2)	Kulcynski	$s_{ij} = \dfrac{a}{b+c}$
(3)	Jaccard	$s_{ij} = \dfrac{a}{a+b+c}$
(4)	Czekannowski-Dice	$s_{ij} = \dfrac{a}{a+(b+c)/2}$
(5)	Anderberg	$s_{ij} = \dfrac{a}{a+2(b+c)}$
(6)	Rogers-Tanimoto	$s_{ij} = \dfrac{a+d}{a+d+2(b+c)}$
(7)	Sokal-Sneath	$s_{ij} = \dfrac{a+d}{a+d+(b+c)/2}$
(8)	Simple Maching	$s_{ij} = \dfrac{a+d}{p}$
(9)	Hamman	$s_{ij} = a+d-(b+c)$
(10)	Kulcynski	$s_{ij} = \dfrac{a}{2\{(a+c)+a(a+b)\}}$
(11)	Anderberg	$s_{ij} = \dfrac{1}{4}\left\{\dfrac{a}{(a+c)}+\dfrac{a}{(a+b)}+\dfrac{d}{(b+d)}+\dfrac{d}{(c+d)}\right\}$
(12)	Ochiai	$s_{ij} = \dfrac{a}{\sqrt{(a+b)(a+c)}}$
(13)	Ochiai	$s_{ij} = \dfrac{a}{\sqrt{(a+b)(a+c)}}\dfrac{d}{\sqrt{(b+d)(c+d)}}$
(14)	Yule	$s_{ij} = \dfrac{ad-bc}{ad+bc}$

ると，Raoの類似度の定義からdを削除したものがJaccardの類似度として定義されている．aとdに注目して表6.5を見てみると，いくつかの類似度がこのような関係にあることがわかる．

chapter 7

階層的クラスタリング手法

階層的クラスタリング手法とは n 個の個体間の類似度 $\boldsymbol{S} = [s_{ij}]$ が与えられているものとするとき，クラスターが形成されていく過程が階層的な構造 (hierarchical structure) をもつ一連の手法群を指すものである．ここに階層的とはクラスター数が増加するとき，必ず集合として細分となっていることである．すなわち，クラスター数が 2 とは，個体の集合が 2 つの部分集合に分割されていることであり，これが 3 つのクラスターに分割されるとき，新たに 3 つの部分集合が形成されるのではなく，2 つの部分集合のいずれか一方がさらに 2 つに分割され，全体として 3 つの部分集合を形成することである．クラスター数が増加する過程が階層的な構造をもつことから，その過程を樹状図 (dendrogram) で表現できることが特徴であり，古くから行われている生物学における系統分類との関連をも連想させる．

一方，階層的クラスタリング手法は組合せ的手法 (combinatorial method) と同義語に用いられることが多い．その特徴は，クラスターの形成過程におけるクラスター間の類似度 (あるいは距離) が 1 つ前の段階での類似度 (あるいは距離) によって計算されることである．すなわち，新たにクラスター間の (非) 類似度を計算し直すのではなく，前の段階の (非) 類似度を組み合わせることによって計算できることからこのような名称が与えられている．

現在，クラスター分析といえば，この階層的なクラスタリングを指すことが多く，様々なデータ解析のプログラムパッケージに含まれている手法である．

7.1 基本アルゴリズム

クラスターを構成するための基本的なアルゴリズムは，つぎのような手順からなる．

[手順 **1**] 初期状態として，n 個の個体それぞれが，1つのクラスターを形成しているものと考える．したがってクラスターの個数 K は $K = n$ とする．

[手順 **2**] K 個のクラスターの中で最も類似度の大きい (距離の小さい) 対を求め，それを1つのクラスターに融合する．

K を $K-1$ として，$K > 1$ ならばつぎの手順3へ進み，そうでなければ手順4へ進む．

[手順 **3**] 新しく作られたクラスターと他のクラスターとの類似度 (あるいは距離) を計算する．

その情報をもって手順2へ戻る．

[手順 **4**] 必要な情報を出力して終了する．

上記アルゴリズムの手順3における新しく作られたクラスターと他のクラスターとの類似度の計算の仕方によって，様々な手法が提案されている (Lance and Williams, 1967)．しかし，非類似度を用いた場合，その計算はつぎのように統一的な再帰式によって与えられることが知られている．いま，クラスター C_i とクラスター C_j が融合されたとき，他のクラスター C_k とクラスター $C_i \cup C_j$ との非類似度はつぎのように計算される．

$$d(C_i \cup C_j, C_k) = \alpha_i d(C_i, C_k) + \alpha_j d(C_j, C_k) + \beta d(C_i, C_j) \\ + \gamma \mid d(C_i, C_k) - d(C_j, C_k) \mid \tag{7.1}$$

この更新式は，初期状態では各クラスターはそれぞれ1個の個体からなり，$C_i \equiv \{i\}, C_j \equiv \{j\}$ であるから，$d(C_i, C_j) = d_{ij}$ である．

上記更新式 (7.1) において，α_i, β, γ の与え方によって表 7.1 に示す種々のクラスター分析の手法が得られる．

階層的クラスタリングにおいては，手順2，手順3を $n-1$ 回繰り返すことによって全体が1つのクラスターに融合される．非類似度 (距離) の更新過程を，

表 7.1 非類似度の更新式のパラメータ

手 法	α_i	β	γ
最短距離法	$\frac{1}{2}$	0	$-\frac{1}{2}$
最長距離法	$\frac{1}{2}$	0	$\frac{1}{2}$
メディアン法	$\frac{1}{2}$	$-\frac{1}{4}$	0
群平均法	$\frac{n_i}{n_i+n_j}$	0	0
重み付き平均法	$\frac{1}{2}$	0	0
ウォード法	$\frac{n_i+n_k}{n_+}$	$\frac{-n_k}{n_+}$	0
重心法	$\frac{n_i}{n_i+n_j}$	$\frac{-n_in_j}{(n_i+n_j)^2}$	0

$n_+ \equiv n_i + n_j + n_k$, n_i はクラスター C_i に含まれる個体数.
群平均法，重み付き平均法，ウォード法，重心法での距離はユークリッドの平方距離とする.

表 7.2 階層的クラスタリングの手順

(1) 個体間の非類似度

	1	2	3	4	5
1	0	10	6	9	2
2	10	0	5	4	9
3	6	5	0	3	5
4	9	4	3	0	7
5	2	9	5	7	0

(2) 第 1 段階 (クラスター数 4)

		1	2	3	4
$\{1,5\}$	1	0	9	5	7
	2	9	0	5	4
	3	5	5	0	3
	4	7	4	3	0

(3) 第 2 段階 (クラスター数 3)

		1	2	3
$\{1,5\}$	1	0	9	5
	2	9	0	4
$\{3,4\}$	3	5	4	0

(4) 第 3 段階 (クラスター数 2)

		1	2
$\{1,5\}$	1	0	5
$\{2,3,4\}$	2	5	0

5 個の個体間の非類似度が表 7.2(1) のように与えられているとき，最短距離法の場合について具体的にトレースしてみよう.

初期状態として各個体が 1 個のクラスターを構成しているものと考える. 表 7.2(1) における最小の非類似度は “2” であり，対応するクラスター (個体) 対は $\{1,5\}$ である. クラスター $\{1,5\}$ を融合して，1 つのクラスターとし，このクラスターの番号を “1”(通常はクラスター番号の小さい方とする) として，これと他のクラスターとの非類似度を計算し直したものが表 7.2(2) に示されたも

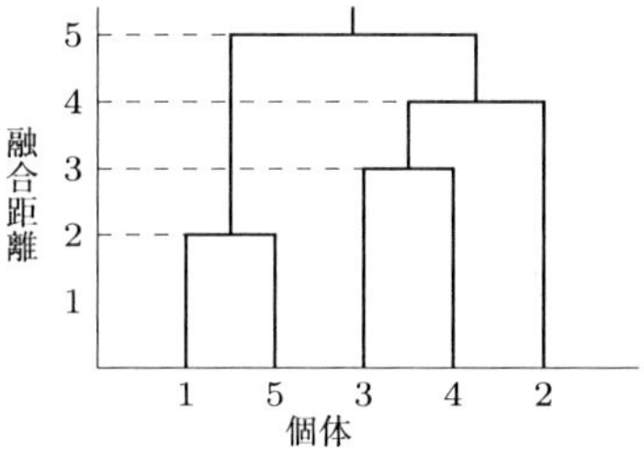

図 **7.1** 最短距離法の樹状図

のである．さらに，更新された非類似度の中の最小値は "3" であり，対応するクラスターは $\{3,4\}$ である．これらを融合したクラスターを "3" として，非類似度を更新したものが，表 7.2(3) である．この中の最小値は "4" であり，対応するクラスター対は $\{2,3\}$ である．これらを融合して 1 つのクラスターとし，このクラスター番号を "1" とする．さらに非類似度を更新した結果が表 7.2(4) である．表 7.2(4) では，残りのクラスター数が 2 であるから，融合の対象は選択の余地はなく，最後に全体が 1 つのクラスターに融合される．このときの非類似度の値が，"5" であることを示している．クラスタリングの過程を樹状図で示したものが，図 7.1 である．

7.2 階層的クラスタリングの手法の導出と特徴

ここでは，フィッシャーのアイリス (*Iris*) データを用いて，各手法の導出とその特徴を調べてみよう．フィッシャーのアイリスデータとは，表 7.3 に示すように，3 種類のアヤメ *I. setosa*, *I. versicolor*, *I. virginica* の，ガクの長さおよび幅，花弁の長さおよび幅の 4 変量について各 50 個ずつ合計 150 個のデータを観測したものである．このデータはどの個体がどの種に属すかがわかっているデータであるから，クラスタリングをする必要はないが，データの散布の状態を見ながら，階層的クラスタリングの各手法ではどのようなクラスターを形成しているのかを，調べてみよう．そのための事前の情報として，これら 4 変量の各対についてデータの散布状態をみたのが，図 7.2 である．対散布図のみでは直感的に理解しにくいので，ここではアイリスデータに主成分分析を適

表 7.3　アイリスデータ (Fisher, 1936)

Iris setosa				*Iris versicolor*				*Iris virginica*			
SL	SW	PL	PW	SL	SW	PL	PW	SL	SW	PL	PW
5.1	3.5	1.4	0.2	7.0	3.2	4.7	1.4	6.3	3.3	6.0	2.5
4.9	3.0	1.4	0.2	6.4	3.2	4.5	1.5	5.8	2.7	5.1	1.9
4.7	3.2	1.3	0.2	6.9	3.1	4.9	1.5	7.1	3.0	5.9	2.1
4.6	3.1	1.5	0.2	5.5	2.3	4.0	1.3	6.3	2.9	5.6	1.8
5.0	3.6	1.4	0.2	6.5	2.8	4.6	1.5	6.5	3.0	5.8	2.2
5.4	3.9	1.7	0.4	5.7	2.8	4.5	1.3	7.6	3.0	6.6	2.1
4.6	3.4	1.4	0.3	6.3	3.3	4.7	1.6	4.9	2.5	4.5	1.7
5.0	3.4	1.5	0.2	4.9	2.4	3.3	1.0	7.3	2.9	6.3	1.8
4.4	2.9	1.4	0.2	6.6	2.9	4.6	1.3	6.7	2.5	5.8	1.8
4.9	3.1	1.5	0.1	5.2	2.7	3.9	1.4	7.2	3.6	6.1	2.5
5.4	3.7	1.5	0.2	5.0	2.0	3.5	1.0	6.5	3.2	5.1	2.0
4.8	3.4	1.6	0.2	5.9	3.0	4.2	1.5	6.4	2.7	5.3	1.9
4.8	3.0	1.4	0.1	6.0	2.2	4.0	1.0	6.8	3.0	5.5	2.1
4.3	3.0	1.1	0.1	6.1	2.9	4.7	1.4	5.7	2.5	5.0	2.0
5.8	4.0	1.2	0.2	5.6	2.9	3.6	1.3	5.8	2.8	5.1	2.4
5.7	4.4	1.5	0.4	6.7	3.1	4.4	1.4	6.4	3.2	5.3	2.3
5.4	3.9	1.3	0.4	5.6	3.0	4.5	1.5	6.5	3.0	5.5	1.8
5.1	3.5	1.4	0.3	5.8	2.7	4.1	1.0	7.7	3.8	6.7	2.2
5.7	3.8	1.7	0.3	6.2	2.2	4.5	1.5	7.7	2.6	6.9	2.3
5.1	3.8	1.5	0.3	5.6	2.5	3.9	1.1	6.0	2.2	5.0	1.5
5.4	3.4	1.7	0.2	5.9	3.2	4.8	1.8	6.9	3.2	5.7	2.3
5.1	3.7	1.5	0.4	6.1	2.8	4.0	1.3	5.6	2.8	4.9	2.0
4.6	3.6	1.0	0.2	6.3	2.5	4.9	1.5	7.7	2.8	6.7	2.0
5.1	3.3	1.7	0.5	6.1	2.8	4.7	1.2	6.3	2.7	4.9	1.8
4.8	3.4	1.9	0.2	6.4	2.9	4.3	1.3	6.7	3.3	5.7	2.1

Iris setosa				*Iris versicolor*				*Iris virginica*			
SL	SW	PL	PW	SL	SW	PL	PW	SL	SW	PL	PW
5.0	3.0	1.6	0.2	6.6	3.0	4.4	1.4	7.2	3.2	6.0	1.8
5.0	3.4	1.6	0.4	6.8	2.8	4.8	1.4	6.2	2.8	4.8	1.8
5.2	3.5	1.5	0.2	6.7	3.0	5.0	1.7	6.1	3.0	4.9	1.8
5.2	3.4	1.4	0.2	6.0	2.9	4.5	1.5	6.4	2.8	5.6	2.1
4.7	3.2	1.6	0.2	5.7	2.6	3.5	1.0	7.2	3.0	5.8	1.6
4.8	3.1	1.6	0.2	5.5	2.4	3.8	1.1	7.4	2.8	6.1	1.9
5.4	3.4	1.5	0.4	5.5	2.4	3.7	1.0	7.9	3.8	6.4	2.0
5.2	4.1	1.5	0.1	5.8	2.7	3.9	1.2	6.4	2.8	5.6	2.2
5.5	4.2	1.4	0.2	6.0	2.7	5.1	1.6	6.3	2.8	5.1	1.5
4.9	3.1	1.5	0.2	5.4	3.0	4.5	1.5	6.1	2.6	5.6	1.4
5.0	3.2	1.2	0.2	6.0	3.4	4.5	1.6	7.7	3.0	6.1	2.3
5.5	3.5	1.3	0.2	6.7	3.1	4.7	1.5	6.3	3.4	5.6	2.4
4.9	3.6	1.4	0.1	6.3	2.3	4.4	1.3	6.4	3.1	5.5	1.8
4.4	3.0	1.3	0.2	5.6	3.0	4.1	1.3	6.0	3.0	4.8	1.8
5.1	3.4	1.5	0.2	5.5	2.5	4.0	1.3	6.9	3.1	5.4	2.1
5.0	3.5	1.3	0.3	5.5	2.6	4.4	1.2	6.7	3.1	5.6	2.4
4.5	2.3	1.3	0.3	6.1	3.0	4.6	1.4	6.9	3.1	5.1	2.3
4.4	3.2	1.3	0.2	5.8	2.6	4.0	1.2	5.8	2.7	5.1	1.9
5.0	3.5	1.6	0.6	5.0	2.3	3.3	1.0	6.8	3.2	5.9	2.3
5.1	3.8	1.9	0.4	5.6	2.7	4.2	1.3	6.7	3.3	5.7	2.5
4.8	3.0	1.4	0.3	5.7	3.0	4.2	1.2	6.7	3.0	5.2	2.3
5.1	3.8	1.6	0.2	5.7	2.9	4.2	1.3	6.3	2.5	5.0	1.9
4.6	3.2	1.4	0.2	6.2	2.9	4.3	1.3	6.5	3.0	5.2	2.0
5.3	3.7	1.5	0.2	5.1	2.5	3.0	1.1	6.2	3.4	5.4	2.3
5.0	3.3	1.4	0.2	5.7	2.8	4.1	1.3	5.9	3.0	5.1	1.8

SL: ガクの長さ，SW: ガクの幅，PL: 花弁の長さ，PW: 花弁の幅

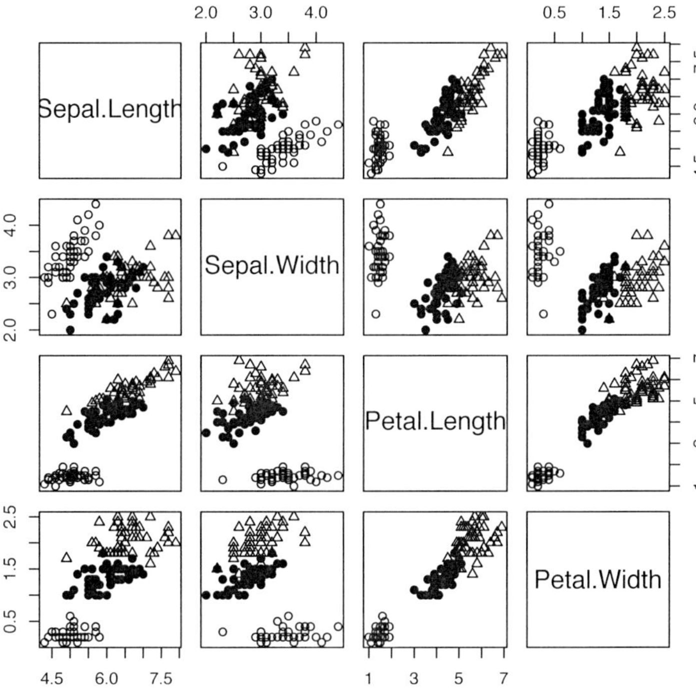

図 **7.2** アイリスデータの対散布図
黒丸: *I. setosa*, 白丸: *I. versicolor*, 三角: *I. virginica* を表す.

用し，その第 1 主成分と第 2 主成分の 2 次元で表示したものを用いて，クラスタリングの結果を示すこととする．ちなみに，3 種のアイリスデータを主成分を用いて図示したものが図 7.3 である．

7.2.1 最短距離法 (nearest neighbour method, single linkage method)

クラスター C_i とクラスター C_j との非類似度 (距離) d_{ij} を

$$d_{ij} = \min\{d_{ab} \mid a \in C_i, b \in C_j\}$$

と定義する．いま，クラスター C_i とクラスター C_j が融合されたクラスターを $C_i \cup C_j$ とする．クラスター C_i と C_j との非類似度を $d(C_i, C_j) = d_{ij}$，クラスター C_i と C_j と他のクラスター C_k との非類似度をそれぞれ $d(C_i, C_k) =$

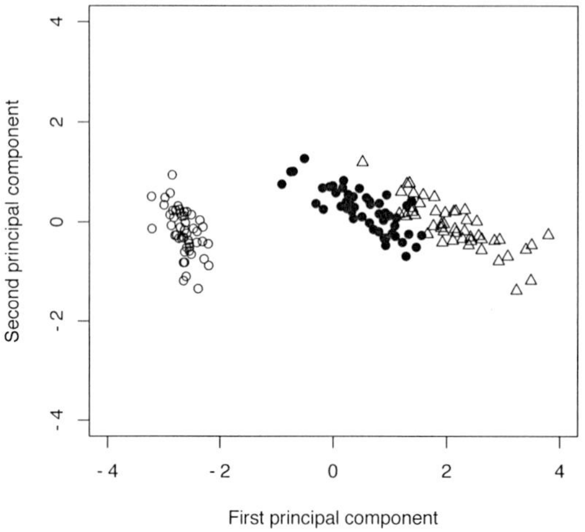

図 **7.3** アイリスデータの第 1 主成分と第 2 主成分による散布図
黒丸: *I. setosa*, 白丸: *I. versicolor*, 三角: *I. virginica* を表す. 以下の散布図も同様.

d_{ik}, $d(C_j, C_k) = d_{jk}$ とするとき, 融合されたクラスターと他のクラスターとの非類似度がつぎのように計算される.

$$
\begin{aligned}
d(C_i \cup C_j, C_k) &= \min\{d_{ik}, d_{jk}\} \\
&= \frac{1}{2}|d_{ik} + d_{jk}| - \frac{1}{2}|d_{ik} - d_{jk}|
\end{aligned}
$$

この手法の特徴は, 各ステップで非類似度は常に小さい方が選択されることから, 空間全体が縮小する傾向をもち, クラスターの分離度は小さくなる. しかし, 部分集合同士の距離 (非類似度) という考え方からすると, これは距離として自然なものであり, 理論的にも扱いやすい. また, 本手法は各個体から最も近いものを融合していくため, 線状につながったクラスターができる傾向があり, 鎖効果 (chain effect) をもつと言われている.

アイリスデータへ最短距離法を適用して得られる樹状図は 150 個の樹状図では個々の識別ができないので, ここでは 3 群からそれぞれ最初の 10 個ずつを取り出して作成したものが図 7.4 である. 図において縦軸がクラスターが融合される距離を表し, 横軸に各個体の番号を表示している. 樹状図を縦軸のある距離のレベルで水平に切ることによってクラスターを決めることができる.

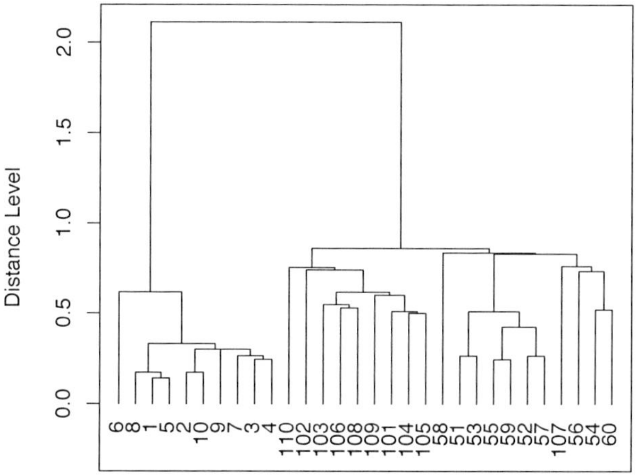

図 **7.4** 最短距離法：アイリスデータの樹状図

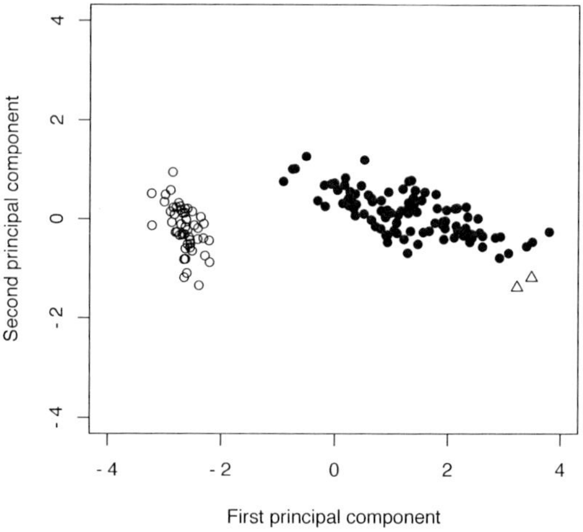

図 **7.5** 最短距離法：アイリスデータのクラスタリング結果

150 個すべての樹状図に基づき，3 群のクラスターに分類し，主成分による 2 次元平面に表示したものが図 7.5 である．樹状図からもわかるとおり，ここでは *I. versicolor* は 2 個だけのクラスターとして得られている．最も近いものを同一のクラスターに所属するものと考えると自然な結果に思われる．この場合クラスター数を 4 や 5 にしても結果はそれ程変化は見られない (孤立したクラスターが形成されるだけである).

7.2.2 最長距離法 (furthest neighbour method, complete linkage method)

クラスター C_i とクラスター C_j との非類似度 (距離) d_{ij} を

$$d_{ij} = \max\{d_{ab} \mid a \in C_i, b \in C_j\}$$

と定義する．このとき，最短距離法と同様の状況において，融合されたクラスターとの非類似度の更新がつぎのように行われる．

$$\begin{aligned} d(C_i \cup C_j, C_k) &= \max\{d_{ik}, d_{jk}\} \\ &= \frac{1}{2}|d_{ik} + d_{jk}| + \frac{1}{2}|d_{ik} - d_{jk}| \end{aligned}$$

この手法は，最短距離法とは逆に非類似度 (距離) は常に大きい方が選択されることから空間は拡大されることなり，個体間の分離度は増すことになる．しかし，部分集合間の距離として最大距離の論理的な意味付けに多少無理があるため，結果の解釈に難点があるとされている．

アイリスデータに関するクラスタリング結果では，最短距離法に比べて分離性能が大きいため，3 群への分離度は最短距離法に比べて格段に大きいが，分離性能が大きいことがすべてにおいてよいとは限らない．このデータでの分離を表 7.4 にまとめる．最長距離法においても各群の最初から 10 個ずつ合計 30 個で樹状図を作成したものが，図 7.6 である．また，150 個について，最長距離法で分類した結果を主成分平面にプロットしたものを図 7.7 に示した．

表 7.4　最長距離法による分類結果

		クラスター結果			
		C_1	C_2	C_3	
観測値	*I. setosa*	50	0	0	50
	I. versicolor	0	27	23	50
	I. virginica	0	1	49	50
		50	28	72	

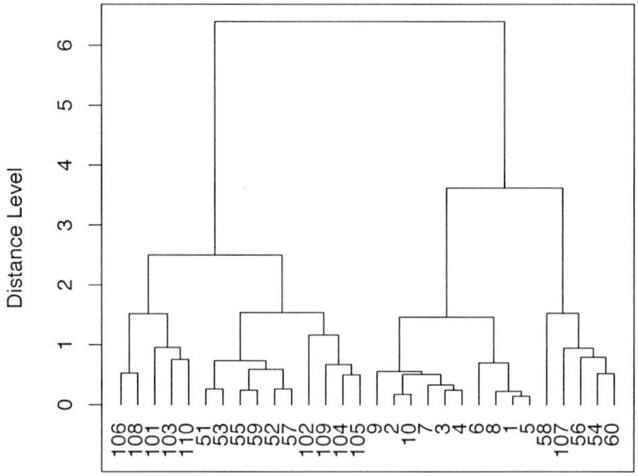

図 **7.6** 最長距離法：アイリスデータの樹状図

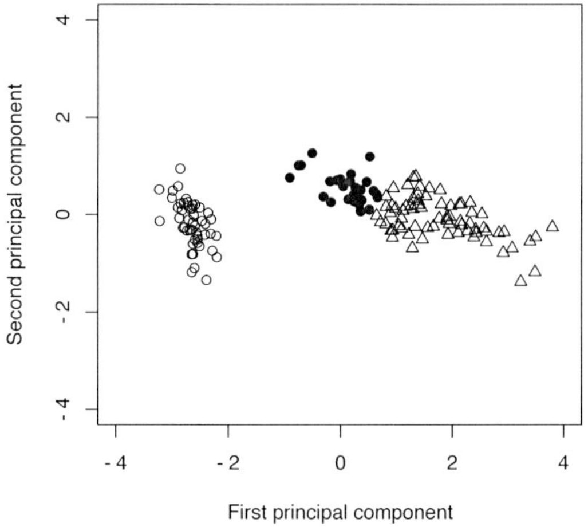

図 **7.7** 最長距離法：アイリスデータのクラスタリング結果

7.2.3 メディアン法 (median method)

最短距離法と最長距離法との中間的な立場をとる手法である．融合されたクラスター $C_i \cup C_j$ と他のクラスター C_k との距離をつぎのように与える．

$$d(C_i \cup C_j, C_k) = \frac{1}{2}d_{ik} + \frac{1}{2}d_{jk} - \frac{1}{4}d_{ij}$$

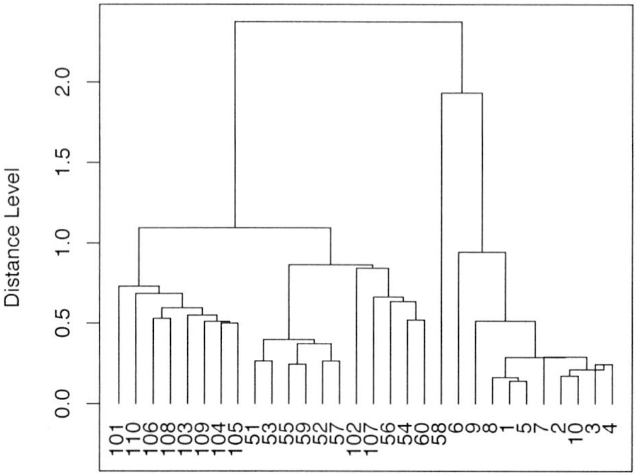

図 **7.8**　メディアン法：アイリスデータの樹状図

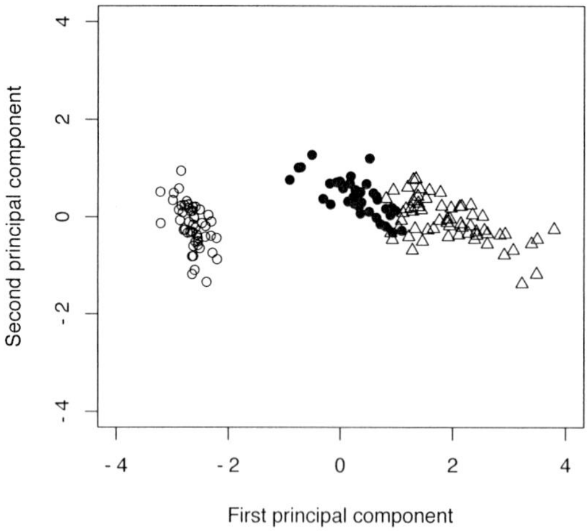

図 **7.9**　メディアン法：アイリスデータのクラスタリング結果

これは最短距離法と最長距離法のもつ欠点を多少とも緩和することができるが，逆にそれらのもつ長所が失われることになる．ここでも樹状図は，アイリスデータの 3 群から最初の 10 個ずつ合計 30 個を取り出して作成したものである (図 7.8)．また，2 次元の主成分平面上へのプロット (図 7.9) は 150 個の樹状図に

表 **7.5** メディアン法による分類結果

		クラスター結果			
		C_1	C_2	C_3	
観	*I. setosa*	50	0	0	50
測	*I. versicolor*	0	36	14	50
値	*I. virginica*	0	1	49	50
		50	37	63	

基づいて3つのクラスターに分割したものである．アイリスデータについていうならば，必ずしも，最短距離法と最長距離法の中間的な結果になっているとはいえないが，このデータに関しては，最長距離法よりよい結果が得られている (表7.5).

7.2.4 群平均法 (group average method)

クラスター C_i に含まれる個体数を n_i，C_j に含まれる個体数を n_j とするとき，クラスター C_i とクラスター C_j との距離 (非類似度) d_{ij}^2 (通常ユークリッド距離では平方が用いられる) を

$$d_{ij}^2 = \frac{1}{n_i n_j} \sum_{r \in C_i} \sum_{s \in C_j} d_{rs}^2$$

と定義する．したがって $C_i \cup C_j$ と C_k との非類似度は

$$\begin{aligned} d^2(C_i \cup C_j, C_k) &= \frac{1}{(n_i + n_j)n_k} \sum_{r \in C_i \cup C_j} \sum_{s \in C_k} d_{rs}^2 \\ &= \frac{1}{(n_i + n_j)n_k} \left\{ \sum_{r \in C_i} \sum_{s \in C_k} d_{rs}^2 + \sum_{t \in C_j} \sum_{s \in C_k} d_{ts}^2 \right\} \\ &= \frac{n_i}{n_i + n_j} d_{ik}^2 + \frac{n_j}{n_i + n_j} d_{jk}^2 \end{aligned}$$

群平均法からは，非類似度としてユークリッド距離の平方が用いられるため，類似度 (近さ) の程度がより強調される．図7.11においてクラスターの結果が重なって見えるのは実際には4次元を2次元の主成分平面に射影しているためである．

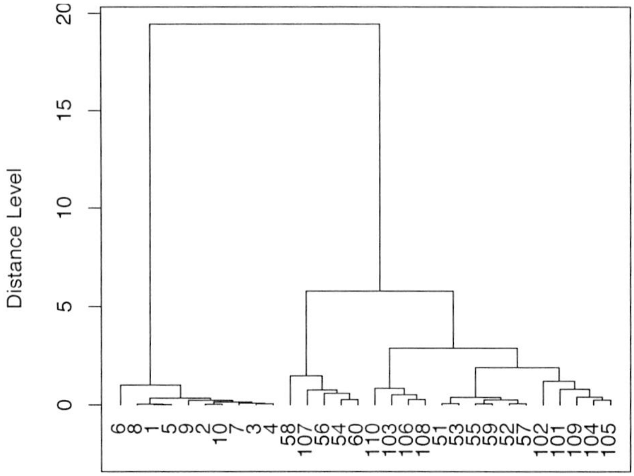

図 7.10　群平均法：アイリスデータの樹状図 (各群から最初の 10 個ずつ取り出したもの)

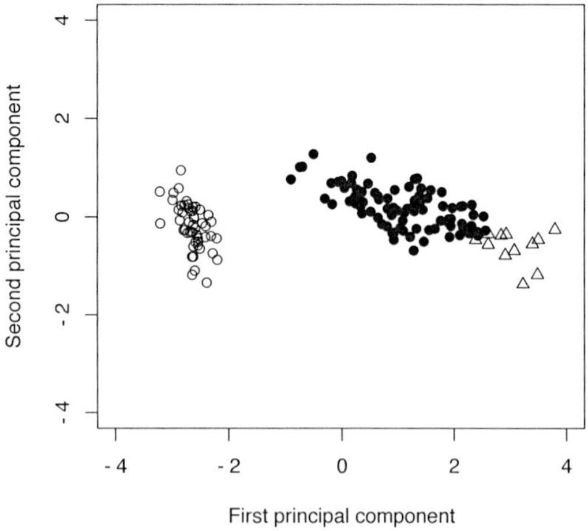

図 7.11　群平均法：アイリスデータのクラスタリング結果

7.2.5　重み付き平均法 (weighted average method)

融合されたクラスターと他のクラスターとの非類似度 (距離) をつぎのように定義する.

$$d^2(C_i \cup C_j, C_k) = \frac{1}{2}d_{ik}^2 + \frac{1}{2}d_{jk}^2$$

これは，群平均法に重みを付けたものとみなすことができる．この方法は開発者の名前に由来して Mcquitty 法と呼ばれることも多い．

アイリスデータへの適用結果は，群平均法のように個体数を考慮して重さを

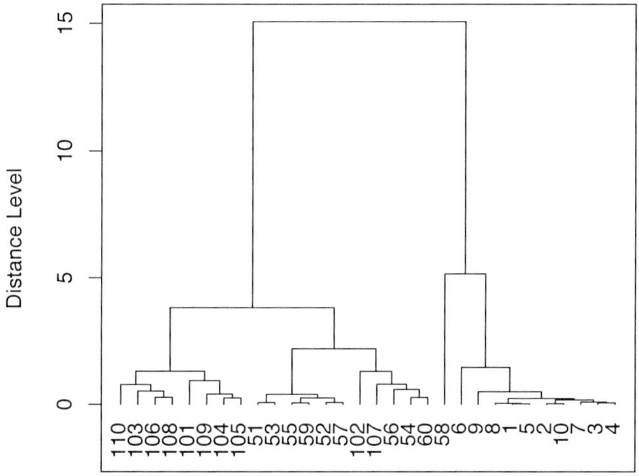

図 **7.12**　重み付き平均法：アイリスデータの樹状図 (各群から最初の 10 個ずつ取り出したもの)

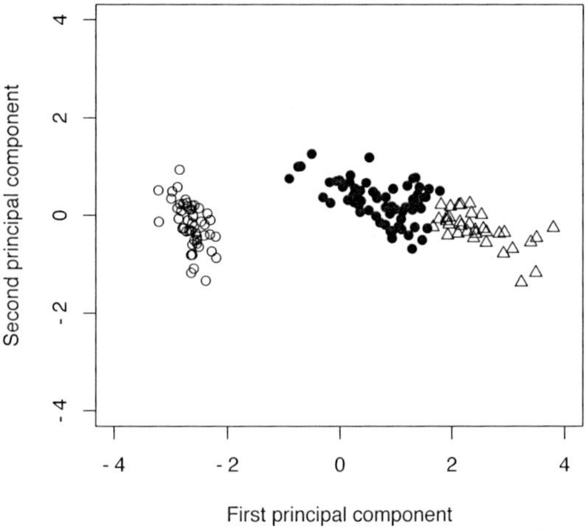

図 **7.13**　重み付き平均法：アイリスデータのクラスタリング結果

付けるより単純な方法が多少よい結果が得られていることが，図 7.13 によって示されている．

7.2.6 ウォード法 (Ward's method)

データが p 変量 $x_1, x_2, \ldots, x_p$ に関して観測され，クラスター C_i に含まれる n_i 個のデータを

$$x_r^{(i)} = \left(x_{r1}^{(i)}, x_{r2}^{(i)}, \ldots, x_{rp}^{(i)}\right), \quad r = 1, 2, \ldots, n_i$$

と表す．C_i 内での平均 (ベクトル) は

$$\bar{x}_\ell^{(i)} = \frac{1}{n_i} \sum_{r=1}^{n_i} x_{r\ell}^{(i)}, \quad \ell = 1, 2, \ldots, p$$

であり，C_i 内の平均のまわりの偏差平方和は，

$$E_i = \sum_{r=1}^{n_i} \sum_{\ell=1}^{p} \left(x_{r\ell}^{(i)} - \bar{x}_\ell^{(i)}\right)^2$$

となる．クラスター C_i とクラスター C_j が融合されたときの偏差平方和の増分は

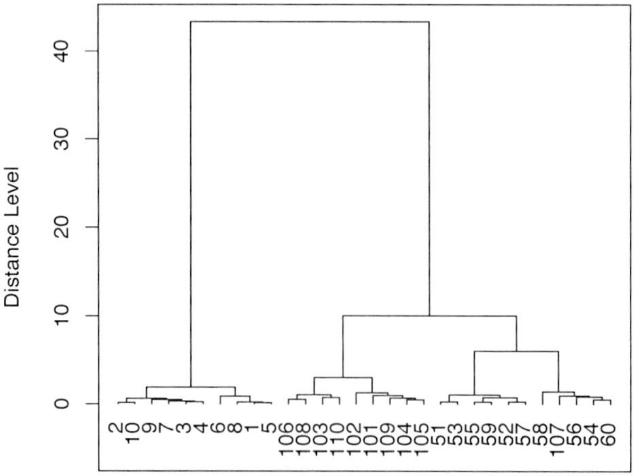

図 7.14 ウォード法：アイリスデータの樹状図 (各群から最初の 10 個ずつ取り出したもの)

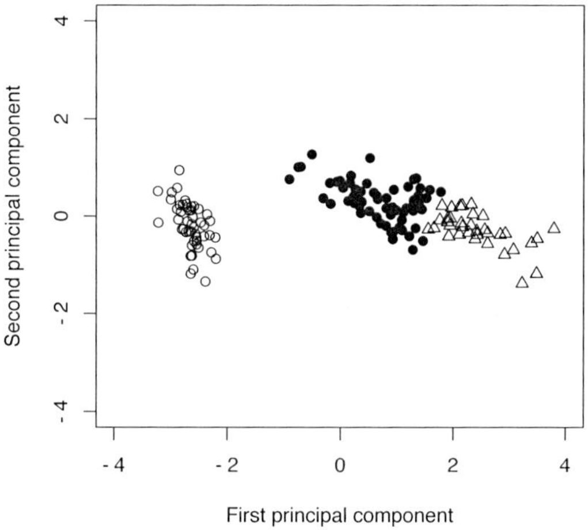

図 **7.15** ウォード法：アイリスデータのクラスタリング結果

$$\Delta E_{ij} = \frac{n_i n_j}{n_i + n_j} \sum_{\ell=1}^{p} \left(\bar{x}_\ell^{(i)} - \bar{x}_\ell^{(j)} \right)^2$$

となり，これをクラスター C_i と C_j との非類似度とみなすとき，$C_i \cup C_j$ と他のクラスター C_k を融合したときの増分は

$$\begin{aligned}\Delta E_{(ij)k} &= \frac{(n_i + n_j) n_k}{n_i + n_j + n_k} \sum_{\ell=1}^{p} \left(\bar{x}_\ell^{(i \cup j)} - \bar{x}_\ell^{(k)} \right)^2 \\ &= \frac{1}{n_i + n_j + n_k} \left\{ (n_i + n_k) \Delta E_{ik} + (n_j + n_k) \Delta E_{jk} - n_k \Delta E_{ij} \right\}\end{aligned}$$

となる．これを最小にするクラスターを融合する．

ウォード法の結果を観測された分類と比較すると表 7.6 のようになる．

表 **7.6** ウォード法による分類結果

		クラスター結果			
		C_1	C_2	C_3	
観	*I. setosa*	50	0	0	50
測	*I. versicolor*	0	49	1	50
値	*I. virginica*	0	15	35	50
		50	64	36	

7.2.7　重心法 (centroid method)

各クラスターの重心間のユークリッド距離の平方を用いる．クラスター C_i の重心と C_j の重心の間の距離の平方を d_{ij}^2 とおくと $C_i \cup C_j$ の重心は各重心間をそれぞれに含まれる個体数に内分する点として与えられる．その重心と他のクラスター C_k の重心との距離の平方を求めればよい．したがって $C_i \cup C_j$ と C_k との非類似度はつぎのように与えられる．

$$d^2(C_i \cup C_j, C_k) = \frac{n_i}{n_i + n_j} d_{ik}^2 + \frac{n_j}{n_i + n_j} d_{jk}^2 - \frac{n_i n_j}{(n_i + n_j)^2} d_{ij}^2$$

この場合には，融合された距離の最小値が融合される前の最小値以下になり得る．

重心法の結果を観測された分類と比較したものが，表 7.7 である．

表 7.7　重心法による分類結果

		クラスター結果			
		C_1	C_2	C_3	
観	*I. setosa*	50	0	0	50
測	*I. versicolor*	0	50	0	50
値	*I. virginica*	0	14	36	50
		50	64	36	

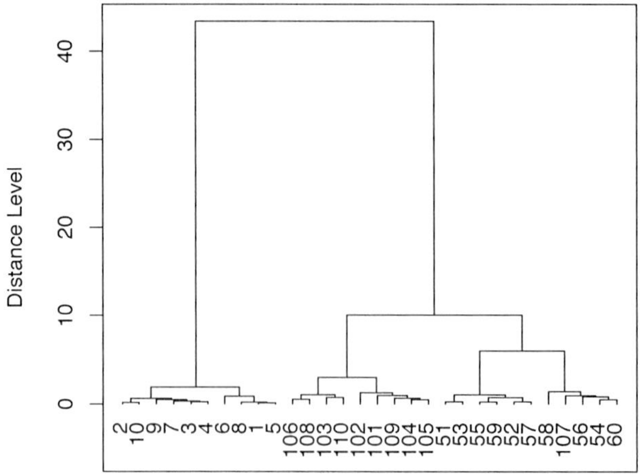

図 7.16　重心法：アイリスデータの樹状図 (各群から最初の 10 個ずつ取り出したもの)

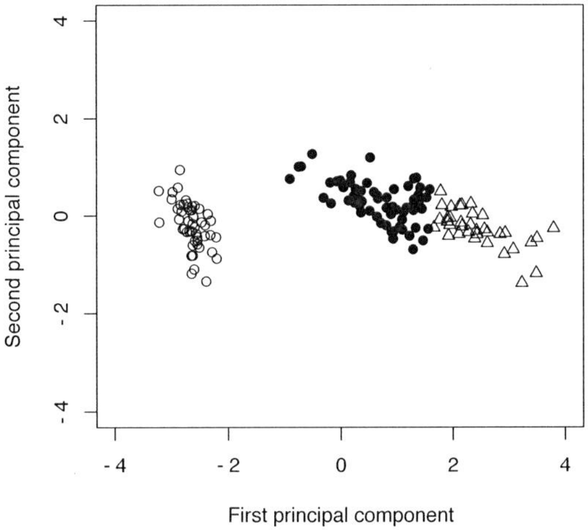

図 7.17 重心法：アイリスデータのクラスタリング結果

分類されたクラスターに含まれる個体数はウォード法と全く同一であるが，その内容をみると *I. versicolor* の 1 個体と *I. virginica* の 1 個体が入れ替わっていることがわかる．

7.3 階層的クラスタリングの妥当性の評価

階層的クラスタリングの特徴はクラスタリングの過程が樹状図で表現されることである．樹状図とは，一般に n–木 (n–tree) とも呼ばれ，形式的につぎのように定義される．分類の対象の集合を個体番号で $\Omega \equiv \{1, 2, \ldots, n\}$ とするとき，Ω 上の n–木 T とは Ω の部分集合でつぎの条件を満たすものである (McMorris et al., 1983).

① $\Omega \in T$

② $\varnothing \in T$

③ すべての $i \in \Omega$ について，$\{i\} \in \Omega$

④ もし，$A, B \in T$ ならば $A \cap B \in \{\varnothing, A, B\}$

すなわち，条件④は部分集合が階層的な構造をもつことを保証するものである．樹状図において，最下段にあるノードは各対象 (個体) が対応し，中間ノードは複数個の個体からなる部分集合を表す．樹状図の特徴づけはいろいろと提案されているが，ここでは中間ノードにおける高さ h に注目してみよう．ここに樹状図の高さ h とは，クラスターが融合される (非) 類似度の大きさに相当するものである．このとき，2 つの中間ノードの表す部分集合を A および B として，それぞれの高さを $h(A)$, $h(B)$ とするならば，

$$h(A) \leq h(B) \iff A \subset B$$

なる関係にある．そこで，すべての個体の対 (i, j) について，個体 i と j を含む最小の部分集合を表す樹状図における高さを h_{ij} とする．この h_{ij} は階層的クラスタリングにおける個体 i と j との差を表すものと考えられ，その値が小さいほど i と j は似ていることを示している．h_{ij} は超距離 (ultrametric) の条件，すなわち，すべての $i, j, k \in \Omega$ に対して，

$$h_{ij} \leq \max\{h_{ik}, h_{jk}\}$$

が成り立つ．Gordon(1996) の指摘によると，樹状図の高さ h の値についての議論はそれほど多くはみられない．その理由は，この値そのものは非類似度の定義に依存しているし，また，同一のデータに異なる手法で得られた樹状図による h の値を比較しようとしても値の基準が同一でないために難しいということである．しかし，h の値そのものではなく，大きさの順序のみを対象とした樹状図を扱っているものが多く見られる．このときの樹状図を区別してランク木 (rank-tree) と呼んでいる．Sibson(1972) は 2 つの樹状図の順位同等性について議論している．

階層的手法にもいくつかあり，同一のデータに適用したときそれらの結果が意外に大きく異なることがある．そこで，与えられたデータに対してどの手法が最も妥当なものかを知る方法について考えてみよう．階層的手法にはいわゆる統計的モデルに相当するものは存在せず，単にアルゴリズムが与えられているだけである．そのアルゴリズムの特徴は，結果として樹状図が形成され，それに基づいてクラスターが形成されることである．すなわち，クラスター分析に用いられた非類似度 d_{ij} がクラスタリングの過程により，樹状図から得られる超距離 h_{ij} に変換されることになる．したがって，データとして与えられた

表 7.8 非類似度と超距離との乖離測度

M_1	$\dfrac{\sum_{i\leq j}(d_{ij}-\bar{d})(h_{ij}-\bar{h})}{\sqrt{\sum_{i\leq j}(d_{ij}-\bar{d})^2}\sqrt{\sum_{i\leq j}(h_{ij}-\bar{h})^2}}$	Sokal & Rohlf (1962)
M_2	$\sum_{i\leq j} w_{ij}(d_{ij}-h_{ij})^2$	Hartigan (1967)
M_3	$\begin{cases}[\sum_{i\leq j}(d_{ij}-h_{ij})^{1/\lambda}]^\lambda & (0<\lambda\leq 1)\\ \max_{i\leq j}\lvert d_{ij}-h_{ij}\rvert & (\lambda=0)\end{cases}$	Jardine & Sibson (1971)
M_4	$(S_+ - S_-)/(S_+ + S_-)$, 2 つの対 $(d_{ij}, d_{k\ell})$ と $(h_{ij}, h_{k\ell})$ において，順序が一致した対の個数を S_+，一致しなかった個数を S_- とする.	Hubert (1974)

d_{ij} と結果として得られた h_{ij} との乖離の度合いを測るのもその 1 つと考えられる．表 7.8 に文献にみられる測度を示した．乖離測度の M_1 は d_{ij} と h_{ij} の線形関係の程度を調べるものである．ただし，この測度は h_{ij} の値に同一の値 (タイ) が多く存在する場合にはあまり適当な測度とは言いがたい．それに対して，測度 M_4 は超距離 h_{ij} の値が等しいかどうかは問題とならない点で乖離の測度としては適用範囲が広いものと思われる．さらに，測度 M_2 は重み付き平方和であり，M_3 は d_{ij} と h_{ij} とのミンコフスキー距離に相当する．

また，表 7.8 で与えられる乖離測度をクラスタリングアルゴリズムのよさと考えるならば，これらを直接最適にするアルゴリズムを構成しようという問題が考えられる．これに対しては，たとえば M_2 と M_3 の特別な場合として，

$$\sum_{i,j}|d_{ij}-h_{ij}|, \qquad \sum_{i,j}(d_{ij}-h_{ij})^2$$

を最小にする問題は NP–困難な問題となることが示されている (Křivánek, 1986)．一方，厳密ではないが，Sokal and Rohlf (1962) や Sneath (1969) によって，階層的手法の中で群平均法が M_1 の値を比較的大きくする傾向にあることが示されている．しかし，これがクラスタリングの手法のよさを評価するものではない．

超距離に関する他の考え方としては，与えられたデータに対する超距離の安定性に関する考察がある．それは入力のデータや非類似度 d_{ij} にわずかな変動を加えたとき，得られた樹状図，すなわち超距離 h_{ij} に大きな変動が生ずるか否かというものである．もちろんこれはデータ依存の議論になるが，実際に適

用する場合には，結果を解釈する上で重要な要因となる．

階層的クラスタリングのみではないが，観測データにクラスターそのものが存在するか否かという問題に統計学的アプローチをした研究がある．そのための帰無仮説に相当するものとして大きく分けてつぎの２つがある．その１つは多次元データの生起そのものがある領域でランダムである (一様性の検定) というもので，他の１つは非類似度行列がランダムであるという仮説である．データの生起がランダムであるとは，対象となる個体がある空間の点として表現されているとき，その空間のある領域 (有限な) において個々の点がランダムに分布しているということである．たとえば，ある領域において，ポアソン分布や一様分布に従うという仮説を検定する問題を考える．いま，帰無仮説 H_U を

- H_U : $\boldsymbol{x}_1, \boldsymbol{x}_2, \ldots, \boldsymbol{x}_n$, $\boldsymbol{x}_i \in G \subset \mathcal{R}^P$ は G におけるポアソン過程に従って生起している

とするとき，これを検定する方法としては，① 最短距離の分布による検定，② 単峰性の検定，③ ギャップ検定，などがある．

7.3.1 最短距離の分布による検定

データとして n 個の点 $\boldsymbol{x}_1, \boldsymbol{x}_2, \ldots, \boldsymbol{x}_n$, $\boldsymbol{x}_i \in G \subset \mathcal{R}^P$ が与えられているとき，点 $\boldsymbol{x}_k$ においてその最近隣 $\boldsymbol{x}_j$ との距離を

$$d_{(NN)k} = \min_{j \neq k} \|\boldsymbol{x}_k - \boldsymbol{x}_j\|$$

とおくと，$\boldsymbol{x}_1, \boldsymbol{x}_2, \ldots, \boldsymbol{x}_n$ が密度パラメータ λ のポアソン過程に従うとき，$d_{(NN)k}$ の p 乗は近似的につぎの指数分布に従うことが知られている．

$$d^p_{(NN)k} \sim \exp(-\lambda V_p), \quad V_p = \frac{\pi^{1/2}}{\Gamma(1+1/2)}$$

ここに，V_p は p 次元単位球体の体積を表す．したがって，n 個のデータ点における最短距離が上記の分布に従うか否かの検定を行うことによって H_U が棄却できるかどうかが判断できる．もし，$\boldsymbol{x}_1, \boldsymbol{x}_2, \ldots, \boldsymbol{x}_n$ にクラスターが存在するならば，ある塊が存在することになるので，一様であるときに比べて $d_{(NN)k}$ の値は小さくなるものと考えられる (Bock, 1981; Ripley, 1979)．しかし，こ

の検定の問題点は $d_{(NN)k}$ $(k=1,2,\ldots,n)$ は一般に独立標本とはならないことである．そこで，最短距離の分布に関する検定でよく用いられる方法を紹介しよう (Bock, 1996).

n 個のデータ点 $\boldsymbol{x}_1,\boldsymbol{x}_2,\ldots,\boldsymbol{x}_n \in G \subset \mathcal{R}^P$ に付け加えて，人工的に m 個の独立で一様な点 $\boldsymbol{y}_1,\boldsymbol{y}_2,\ldots,\boldsymbol{y}_m \in G$ を発生する．このとき，

$$\tilde{d}_{(NN)j} = \min_k \|\boldsymbol{x}_k - \boldsymbol{y}_j\|$$

とおくと，ポアソン過程に従うとき，これは n 個の $\boldsymbol{x}_1,\boldsymbol{x}_2,\ldots,\boldsymbol{x}_n$ に関する最短距離 $d_{(NN)k}$ と同一の分布に従うことが示されている．$\boldsymbol{x}_1,\boldsymbol{x}_2,\ldots,\boldsymbol{x}_n$ にクラスターが存在するならば，$\tilde{d}_{(NN)j}$ は $d_{(NN)k}$ より大きくなると考えられる．ここで，簡単のために $n=m$ とするとき，帰無仮説 H_U を，クラスターが存在するという対立仮説を想定して検定する検定統計量としてつぎのようなものが提案されている．

① ホプキンスの検定統計量 (Hopkins, 1954)

$$T_H = \frac{\sum_{j=1}^{n} \tilde{d}_{(NN)j}}{\sum_{k=1}^{n} d_{(NN)k}}$$

帰無仮説の下で T_H は自由度 $(2n,2n)$ の F–分布に従う．すなわち，T_H がある設定された F–分布のパーセント点より大きいとき，H_U は棄却される．

② コルモゴロフ・スミルノフ型の検定 (Diggle, 1979)

$$T_{KS} = \sup_{r \geq 0} |\tilde{F}(r) - F(r)|$$

$$F(r) = P(\tilde{d}_{(NN)j} \leq r) = 1 - \exp(-\lambda V_p r^p)$$

$$\tilde{F}(r) = \frac{\sharp|\{j \mid \tilde{d}_{(NN)j} \leq r \leq \|\boldsymbol{y}_j - \partial G\|\}|}{\sharp|\{j \mid r \leq \|\boldsymbol{y}_j - \partial G\|\}|}$$

ただし，$\|\boldsymbol{y}_j - \partial G\|$ は $\boldsymbol{y}_j$ から G の境界までの最短距離とし，$\sharp|C|$ は C に含まれる個体数を表す．

7.3.2 単峰性の検定

もし，データにクラスターが存在するならば，データ $\boldsymbol{x}_1, \boldsymbol{x}_2, \ldots, \boldsymbol{x}_n$ の分布 (確率密度) $f(\boldsymbol{x}_1, \ldots, \boldsymbol{x}_n)$ は単峰的ではないと考えて，帰無仮説

- H_{uM} ： $f(\boldsymbol{x}_1, \ldots, \boldsymbol{x}_n)$ は単峰性をもつ

に対して対立仮説

- H_{mM} ： $f(\boldsymbol{x}_1, \ldots, \boldsymbol{x}_n)$ は多峰性 (m 峰性，$m \geq 2$) をもつ

について検定しようというものである．多峰性の検定に関しては 1 次元の場合にはいろいろ提案されているが，ここでは，一般に p 次元の場合について，Hartigan and Mohanty (1992) の提案している RUNT 検定 (チビッコ検定) について紹介しよう．

階層的手法の最短距離法においては，クラスター A とクラスター B が結合されて新しいクラスター C となるとき，A と B との距離が集合 A と集合 B との距離，すなわち，

$$\min_{i,j} d_{ij} = d(\boldsymbol{x}_i, \boldsymbol{x}_j), \quad \boldsymbol{x}_i \in A, \boldsymbol{x}_j \in B$$

として定義される．もし，データの分布が 2 峰性をもつならば，この 2 つの峰に対応するクラスターは階層の過程の最後のステップで結合されると考えられる．Hartigan and Mohanty はこの点に注目して，つぎのような "RUNT" 検定を提案している．

最短距離法によってつくられるすべてのクラスターを考える．クラスターは階層的な樹状図から形成することができるので，複数の個体からなるクラスターは，また，いくつかの部分クラスターに分割できる．いま，樹状図をある高さ h で分割してできるクラスターを $C = \{C_1, C_2, \ldots, C_k\}$，各 C_r に含まれる個体数を n_r とするとき，

$$n(C) \equiv \min_r n_r$$

とおく．このとき，検定統計量としてつぎのような量を定義する．

$$\mathrm{RUNT} \equiv \max_C n(C)$$

もし，データの分布が少なくとも 2 つの峰をもつならば，最短距離法によって異なる峰の周りに 2 つのクラスターが形成されるであろう．この 2 つのクラス

ターで含まれる個体数が少ないほうが RUNT(チビッコ) となる．もし，データの分布が単峰性をもつならば，それを最短距離法で 2 つのクラスターに分割したとき，小さい方 (RUNT) のクラスターに含まれる個体数は極めて少数となることが期待される．したがって，RUNT を統計量として，単峰性の下で，パーセント点をシミュレーションで求めることによって検定を行うことができる．単峰分布のモデルとしては，多変量標準正規分布 (分散共分散行列が I) と球体上の一様分布を用いている．シミュレーション結果では，多変量標準正規分布が推奨されている．

7.3.3 ギャップ検定

観測データ $\boldsymbol{x}_1, \boldsymbol{x}_2, \ldots, \boldsymbol{x}_n \in G \subset \mathcal{R}^p$ にクラスターが存在するならば，その分布にはなんらかのギャップが存在すると考えられる，という意味で帰無仮説 H_U を検定しようというものである．そのための検定統計量としては

$$T_g \equiv \max_k \{d_{(NN)k}\}$$

を領域 G が有界 (有限) であることによる効果を修正して，

$$T_g^* \equiv \max_k \left[\min\{d_{(NN)k}, \|\boldsymbol{x}_k - \partial G\|\}\right]$$

が用いられている．ただし，$\|\boldsymbol{x}_k - \partial G\|$ は $\boldsymbol{x}_k$ から境界への最短距離を表す．T_g^* に関してはつぎのような漸近分布が知られている．V_p を p 次元単位球体の体積とするとき，

$$nV_pT_g^* - \log n$$

が極値の漸近分布として知られている 2 重指数分布

$$g(x) = \exp\{-\exp(-x)\}$$

に従う (Henze, 1982)．したがってこの分布を利用することによって n が十分大きいとき，

$$P_{H_U}\{T_g^* \geq t(1-\alpha)\} \approx \left\{\frac{\eta + \log n}{(nV_p)}\right\}^{1/p}, \quad \eta = -\log\{-\log(1-\alpha)\}$$

と近似することができることが示されている．

chapter **8**

非階層的クラスタリング手法

クラスターを構成する場合に，クラスターは必ずしも階層的な構造をもつべきものとは限らない．クラスター数を仮定したとき，なんらかの基準で最良なクラスターを得るためには，階層的という制約は不要であろう．また，クラスターを「塊」と捉えるか,「領域分割」と捉えるかによっても検出の仕方あるいは評価の仕方が異なるが，クラスターの妥当性については現在なお議論されているところである．

クラスタリングを行う対象は有限個の個体として与えられることが普通である．このとき，非階層的クラスタリングを行うということは，与えられた個体を何らかの基準によって部分集合に分割する (ただし部分集合は排他的なものとする) ことになるが，この問題は原理的には「組合せ最適化問題」となる．したがって，この種の問題は大域的な最適解を求めることは極めて困難であり，通常は “最適と思われる解” を求めることになる．

ここでは非階層的な手法として代表的な k–平均法 (k–means method) について述べる．この方法は,「塊」を検出する基準であるとともに，そのアルゴリズムは領域分割を与えるものとなっており，近年議論されている主要点 (principal points) を求めるアルゴリズムとも密接に関連している．

8.1　k–平均法

k–平均法という名前の由来は，k 個のクラスターの中心となる点 (重心 = 平均) が与えられれば，個体を最も近い中心点に割り当てることによって，個体の集合を k 個のクラスターに分割できる，というものである．

k–平均法の基本的な考え方はつぎのようである.

① 初期条件として，指定した個数のシード点 (seed point)，すなわち，クラスターを形成する核となる個体を与える.

② 逐次個体とシード点との距離 (通常はユークリッド距離) を計算し，それを基準にして分類を行う.

③ ある収束条件を設定し，それが収束するまで，シード点の変更を繰り返す.

具体的なアルゴリズムは後述するが，まずシード点の与え方について，いくつかの考え方を列挙しよう．ただし，ここではクラスターの個数を k とし，個体数を n とする.

(1) n 個の個体の中から最初の k 個をシード点として選ぶ.

(2) 主観的に k 個の個体を選び，それをシード点とする.

(3) n 個の個体の中から，ランダムに (疑似乱数を用いて) 異なる k 個の個体を抽出し，それをシード点とする.

(4) 最初のシード点として，全体の重心をとる．つぎにデータを逐次 1 個ずつ入力し，それ以前に決まったシード点のどれからも指定したパラメータ d 以上離れた点を順次シード点とする．これを k 個のシード点が決まるまで続ける (k 個求まらない場合には，パラメータ d を変更して繰り返す).

また，収束条件としては，通常ウォード法で用いられた，級内偏差平方和 (重心の周りの偏差平方和) で表される．そこでの記号を用いるとクラスター内の偏差平方和は

$$E_i = \sum_{r=1}^{n_i} \sum_{\ell=1}^{p} \left(x_{r\ell}^{(i)} - \bar{x}_{\ell}^{(i)} \right)^2$$

となり，全体として

$$E = \sum_{\ell=1}^{k} E_\ell$$

を最小にする k 個のクラスターを求める．上式より，E を最小とするシード点は各クラスターの重心であることがわかる.

以下に k–平均法の代表的なアルゴリズムについて述べる．手法の主旨を理解しやすいように，提案された年代順に，Lloyd (1957), Forgy (1965), MacQueen (1967), Hartigan and Wong (1979) を紹介しよう.

a. Lloyd のアルゴリズム

分類のために n 個の個体が与えられているものとする．

[手順 1] k 個のシード点を与える．それらを k 個の初期クラスターとみなす．

[手順 2] 個体とシード点のユークリッド距離を計算し，最も近いシード点のクラスターに個体を割り当てる．

[手順 3] すべての個体がクラスターに割り当てられた後に，クラスターの重心を計算し直し，それを改めてシード点とする．このとき，クラスターに割り当てられる個体数が 0 のクラスターがあるとき，手順 5 へ行く．そうでなければ，次の手順へ進む．

[手順 4] クラスターの重心が変化したならば，手順 2，手順 3 を繰り返す．そうでなければ終了する．

[手順 5] 個体数が 0 でないクラスターを分割するか，または初期シード点を変更して，空のクラスターがなくなるまで，アルゴリズムを最初から繰り返す．

b. Forgy のアルゴリズム

分類のために n 個の個体が与えられているものとする．

[手順 1] k 個のシード点が与えられているとき，手順 2 へ行く．データの k 個の分割が与えられているならば，手順 3 へ行く．

[手順 2] すべての個体を最も近いシード点のクラスターへ割り当てる．シード点はすべての割り当てが終了するときまで変更しない．

[手順 3] シード点を得られたクラスターの重心に更新する．

[手順 4] 手順 2 と手順 3 を収束するまで繰り返す．すなわち，手順 2 でのクラスターへの割り当てが変化しなくなるまで繰り返す．

c. MacQueen のアルゴリズム

分類のために n 個の個体が与えられているものとする．

[手順 1] n 個の個体の最初の k 個をそれぞれ k 個のクラスターとみなす．

[手順 2] 残りの $n-k$ 個のデータを最も近いクラスターに割り当てる．ただし，クラスターの重心をデータが割り当てられるごとに更新する．

[手順 3] すべてのデータの割り当てが終了したとき，各クラスターの重心をシード点として，もう一度データを最も近いクラスターに割り付けて終

了する.

d. Hartigan and Wong のアルゴリズム

以下のアルゴリズムにおいて，分類の対象となる総個体数を n とし，$nc(\ell)$ ($\ell = 1, 2, \ldots, k$) をクラスター ℓ に含まれる個体数，$d_{i\ell}$ を個体 i とクラスター ℓ (クラスター ℓ の重心) とのユークリッド距離を表す．さらに，k 個のシード点が与えられているものとする．

[手順 1] 各個体 i から k 個のシード点と最も近いクラスターと 2 番目に近いクラスターのリスト $IC1(i)$ および $IC2(i)$ ($i = 1, 2, \ldots, n$) を作成する．個体 i をクラスター $IC1(i)$ に割り当てる．

[手順 2] 各クラスターの重心を計算する．

[手順 3] 初期状態として，すべてのクラスターを分類処理の対象集合 (ここではそれを live-set と呼ぶ) と考える．

[手順 4] OPTRA 処理 (optimal-transfer stage)

各個体 i ($i = 1, 2, \ldots, n$) について順次つぎを実行する．もし，クラスター ℓ ($\ell = 1, 2, \ldots, k$) が直前の QTRAN 処理 (手順 6) で更新されているならば，ここでの OPTRA 処理において live-set に属すものと考える．そうでなければ，クラスター ℓ は live-set に属さないものとする．個体 i がクラスター ℓ_1 に属しているものとしよう．もし，ℓ_1 が live-set に含まれるならば，(i) を実行する．そうでなければ，(ii) へ行く．

(i) $\ell \neq \ell_1, \ell = 1, 2, \ldots, k$ に対して，つぎの値を計算する．

$$R2(\ell) = \frac{nc(\ell) d_{i\ell}^2}{nc(\ell) + 1}$$

この値を最小とするクラスターを ℓ_2 とし，その値を $R2(\ell_2)$ とする．もし，$R2(\ell_2)$ の値が，

$$\frac{nc(\ell_1) d_{i\ell_1}^2}{nc(\ell_1) - 1}$$

より大きいか，または等しいならば，再配置の必要はなく，ℓ_2 が新しい $IC2(i)$ となる ($nc(\ell_1) d_{i\ell_1}^2 / (nc(\ell_1) - 1)$ はクラスター ℓ_1 が更新されるまで，i については変化しない)．そうでなければ，個

体 i はクラスター ℓ_2 に割り当てられ，ℓ_1 が新しい $IC2(i)$ となる．個体の配置換えが生じたとき，クラスターの重心を更新する．個体の所属変更にかかわった2つのクラスター ℓ_1, ℓ_2 は live-set に含まれる．

(ii) この手順においては，$R2$ の最小値を live-set にあるクラスターについてのみ計算すればよいという点を除いて，(i) と同様である．

[手順 **5**] もし，live-set が空集合ならば終了する．そうでなければ，個体集合の再割り当てが一通り済んだ後に，手順6へ行く．

[手順 **6**] QTRAN 処理 (quick-transfer stage)

各個体 i $(i = 1, 2, \ldots, n)$ について順次つぎを実行する．$\ell_1 = IC1(i)$, $\ell_2 = IC2(i)$ とする．もし，クラスター ℓ_1, ℓ_2 が両方ともに直前の処理で変更されていなければ，個体 i についてチェックする必要はない．そうでなければ，つぎの値を計算する (前述したように，$R1(\ell_1)$ はクラスター ℓ_1 が更新されなければその値も変化しないので再計算は必要ない)．

$$R1(\ell_1) = \frac{nc(\ell_1)d_{i\ell_1}^2}{nc(\ell_1) - 1}, \quad R2(\ell_2) = \frac{nc(\ell_2)d_{i\ell_2}^2}{nc(\ell_2) + 1}$$

もし，$R1(\ell_1)$ が $R2(\ell_2)$ 以下であるならば，個体 i はクラスター ℓ_1 に含まれたままにしておく．そうでなければ，$IC1(i)$ と $IC2(i)$ を入れ替えて，クラスター ℓ_1 とクラスター ℓ_2 の重心を更新する．同時に，クラスター ℓ_1 と ℓ_2 の構成要素の変更を行う．

[手順 **7**] 直前の処理で個体のクラスター変更が生じなければ，手順4へ行く．そうでなければ手順6へ行く．

後に MacQueen は上記の k–平均法を，あるパラメータ (以下の T, S) を設定することによって，クラスター数も自動的に決定する方法としてつぎの修正版を提案している．k–平均法に関する修正版は数多く存在するが，本質的な結果のよさというよりは，計算量や大域的な最適解の探索への効果を期待するものである．参考までに MacQueen による k–平均法の修正アルゴリズムを以下に述べよう．

e. MacQueen の修正アルゴリズム

[手順 **1**] パラメータ k, T, S の値を設定する．

[手順 2] n 個の個体の内から，最初の k 個の個体をそれぞれ独立した初期クラスターとする．

[手順 3]

(i) 前手順で選ばれた k 個のクラスター間の距離 (ユークリッド距離またはその平方) を計算し，$L = k$ とする．

(ii) L 個のクラスター間の距離の最小値がパラメータ T の値より小さければその最小値に対応する 2 つのクラスターを融合し，その重心と他のクラスターとの距離 (重心間距離) を計算し直す．T 以上であれば手順 4 に移る．

(iii) L を $L-1$ として，(ii) を繰り返す．すべてのクラスターの重心が T 以上離れたならば手順 4 へ移る．

[手順 4] 残りの $n-k$ 個の個体を 1 個ずつ入力し，逐次つぎの手続きにより処理する．

(i) 入力された個体と各クラスターの重心との距離を計算する．

(ii) 距離の最小値がパラメータ S より小さければ，その個体を対応するクラスターに融合し，その重心を計算し直す．さらにその重心と他のクラスターの重心を計算し，T 以下のものがあれば，それらを融合し新たに重心を計算しておく．

(iii) 入力された個体と各クラスターの重心との距離の最小値が S 以上であれば，この個体を新しいクラスターとする．

[手順 5] 前手順が終了したならば，得られたクラスターの重心をシード点として固定し，再度 n 個の個体を 1 個ずつ入力して逐次最も近いシード点に割り当てて分類を行う．

クラスターの重心が変化しなくなるまで，これを繰り返す．

アイリスデータに Hartigan and Wong のアルゴリズムを用いて k–平均法を適用してみよう．ここでは 4 変量を用いて k–平均法を適用し，その結果を階層的手法で述べたと同様に主成分分析により得られた第 1 および第 2 主成分からなる 2 次元平面に分類結果を表示してみよう．

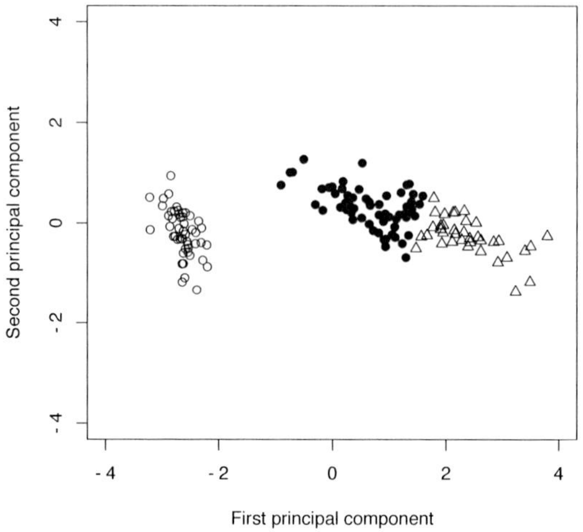

図 8.1 k–平均法：アイリスデータのクラスタリング結果

表 8.1 k–平均法による分類結果の比較

		クラスター結果			
		C_1	C_2	C_3	
観	*I. setosa*	50	0	0	50
測	*I. versicolor*	0	48	2	50
値	*I. virginica*	0	14	36	50
		50	62	38	

8.2 クラスターの妥当性の基準

直観的にいうならば，できるだけまとまっており，他のクラスターとはできるだけ離れているものを明確なクラスターと考えることは，自然であろう．このことをいいかえると，クラスター内の変動をできるだけ小さく，クラスター間の変動をできるだけ大きくすることとなる．いま各クラスター C_k に属す個体数を n_k，クラスター数を K とするとき，全変動 (全データの偏差積和行列) を $\boldsymbol{T}$，クラスター内の変動の和を行列 $\boldsymbol{W}$，クラスター間の変動を行列 $\boldsymbol{B}$ で表すと，これらの間には

$$\boldsymbol{T} = \boldsymbol{B} + \boldsymbol{W}$$

なる関係がある．各個体がそれぞれ p 変量について観測されているものとすると，$\boldsymbol{T}, \boldsymbol{W}, \boldsymbol{B}$ はそれぞれ，$p \times p$ 行列となる．これらを

$$\boldsymbol{T} = [t_{ij}], \quad \boldsymbol{B} = [b_{ij}], \quad \boldsymbol{W} = [w_{ij}] = \sum_{k=1}^{K} \boldsymbol{W}^{(k)}, \quad \boldsymbol{W}^{(k)} = \left[w_{ij}^{(k)}\right]$$

と表し，$\bar{x}_i$ を変量 i の総平均，$\bar{x}_i^{(k)}$ をクラスター C_k 内での第 i 変量の平均値とするとき，各行列の要素はそれぞれつぎのように表される．

$$\begin{aligned} t_{ij} &= \sum_{r=1}^{n} (x_{ri} - \bar{x}_i)(x_{rj} - \bar{x}_j) \\ b_{ij} &= \sum_{k=1}^{K} \left(\bar{x}_i^{(k)} - \bar{x}_i\right)\left(\bar{x}_j^{(k)} - \bar{x}_j\right) \\ w_{ij} &= \sum_{k=1}^{K} w_{ij}^{(k)} \\ w_{ij}^{(k)} &= \sum_{s \in C_k} \left(x_{si} - \bar{x}_i^{(k)}\right)\left(x_{sj} - \bar{x}_j^{(k)}\right) \end{aligned}$$

データが与えられた下では，全変動 $\boldsymbol{T}$ は一定であるから，クラスター間の変動 $\boldsymbol{B}$ を大きくすればクラスター内の変動 $\boldsymbol{W}$ は小さくなる．しかし，クラスター数を $K = n$ とするならば，$\boldsymbol{W} = 0$ であり，$K = 1$ とするならば，$\boldsymbol{W} = \boldsymbol{T}$ となり，クラスター数 k を大きくすれば $\boldsymbol{W}$ は小さくなることは明らかである．したがって，これらに関する基準はクラスター数 k を固定したときのものである．

$\boldsymbol{B}$ や $\boldsymbol{W}$ は行列であろから，それらの大きさを議論するためにはなんらかの定義をする必要がある．これらを用いた基準としてはつぎのようなものがある．

基準 1：$\mathrm{tr}\boldsymbol{W} = \sum_{i=1}^{p} w_{ii} \to \min$

基準 2：$\Lambda = \dfrac{|\boldsymbol{W}|}{|\boldsymbol{T}|} \to \min$

基準 3：$\mathrm{tr}\boldsymbol{W}^{-1}\boldsymbol{B} = \sum_{k=1}^{K} n_k \sum_{i,j=1}^{p} w^{ij} \left(\bar{x}_i^{(k)} - \bar{x}_i\right)\left(\bar{x}_j^{(k)} - \bar{x}_j\right) \to \max$

基準 1 は変量の正規直交変換に関して不変であり，基準 2 と基準 3 はより広い正則な線形変換に関して不変である．また，基準 1 はユークリッド距離の平方に関係しており，基準 3 はクラスター内のマハラノビスの平方距離にクラスターに属する個体数 n_k を掛けて加えたものである．

chapter 9

ファジィクラスタリング

9.1　ファジィ部分集合

ファジィ集合の考え方は，日常生活における曖昧さを表現する方法として，1965年にZadehによって提案されたものである．これは，通常の集合論の拡張とも考えられる．通常の集合論で取り扱う集合では，要素は，その集合に属するか属さないかが明確に判定できるのに対し，ファジィ集合ではそれに属するか属さないかが不明確であるような要素を対象とする．ファジィ集合を数学的に取り扱うために，個々の要素がその集合に属する度合い (グレード) を用いて，つぎのように定義する．

- 集合 X におけるファジィ部分集合 A とは，つぎのようなメンバーシップ関数によって特性づけられた集合である．

$$\mu_A : X \to [0,1] \tag{9.1}$$

　すなわち，任意の要素 $x \in X$ に対して，$\mu_A(x) \in [0,1]$ は x がファジィ部分集合 A に属する度合い (グレード) を表す．

このグレード $\mu_A(x)$ が1に近ければ近いほど要素 x が A に属する度合いは大きく，逆に0に近いほど x がAに属する度合いが小さいことを意味する．特に，$\mu_A(x)$ がすべての x について，0と1の2値しかとらない場合，すなわち $\mu_A(x) \in \{0,1\}$ のとき，このメンバーシップ関数は，通常の集合論における特性関数となり，A は通常の部分集合となる．この意味で通常の部分集合はファジィ部分集合の特別な場合と考えられ，ファジィ部分集合は通常の部分集合の拡張とみなすことができる．以下では厳密にはファジィ部分集合というところを，単にファジィ集合と表現する．

9.2 ファジィ集合演算

X におけるファジィ集合を A, B とする．X の任意の要素 x について

$$\mu_A(x), \mu_B(x) \ : \ X \to [0,1]$$

はそれぞれファジィ集合 A, B のメンバーシップ関数を示すものとする．このときファジィ集合に関して以下のことが定義される．

① 相等：$\mu_A(x) = \mu_B(x)$, $\forall x \in X$ のとき，ファジィ集合 A と B は等しい．すなわち，

$$A = B \Leftrightarrow \mu_A(x) = \mu_B(x), \quad \forall x \in X$$

② 包含関係：$\mu_A(x) \leq \mu_B(x)$, $\forall x \in X$ のとき，ファジィ集合 A はファジィ集合 B に含まれる．すなわち，

$$A \subseteq B \Leftrightarrow \mu_A(x) \leq \mu_B(x), \quad \forall x \in X$$

③ 補集合：ファジィ集合 A の補集合を $\bar{A}$ とすると，$\bar{A}$ とはつぎのようなメンバーシップ関数によって特性づけられた集合である．

$$\mu_{\bar{A}}(x) = 1 - \mu_A(x), \quad \forall x \in X$$

④ 和集合：ファジィ集合 A, B の和集合を $A \cup B$ とすると，$A \cup B$ はつぎのようなメンバーシップ関数によって特性づけられた集合である．

$$\mu_{A \cup B}(x) = \max\{\mu_A(x), \mu_B(x)\}, \quad \forall x \in X$$

⑤ 共通集合：ファジィ集合 A, B の共通集合を $A \cap B$ とすると，$A \cap B$ はつぎのようなメンバーシップ関数によって特性づけられた集合である．

$$\mu_{A \cap B}(x) = \min\{\mu_A(x), \mu_B(x)\}, \quad \forall x \in X$$

⑥ 空集合：ファジィ集合における空集合を $\varnothing$ とすると，$\varnothing$ はつぎのようなメンバーシップ関数によって特性づけられた集合である．

$$\mu_{\varnothing}(x) = 0, \quad \forall x \in X$$

⑦ 全体集合：ファジィ集合における全体集合を X とすると，X はつぎのようなメンバーシップ関数によって特性づけられた集合である．

$$\mu_X(x) = 1, \quad \forall x \in X$$

⑧ 排他的和：ファジィ集合 A, B の排他的和 (exclusive sum) を $A \oplus B$ とすると，$A \oplus B$ はつぎのように定義される．

$$A \oplus B = (A \cap \bar{B}) \cup (\bar{A} \cap B)$$

⑨ 差集合：ファジィ集合 A, B の差集合 (difference set) を $A - B$ とすると，$A - B$ はつぎのように定義される．

$$A - B = A \cap \bar{B}$$

⑩ 代数積：ファジィ集合 A, B の代数積 (algebraic product) を AB とすると，AB はつぎのメンバーシップ関数によって特性づけられた集合である．

$$\mu_{AB}(x) = \mu_A(x)\mu_B(x), \quad \forall x \in X$$

⑪ 代数和：ファジィ集合 A, B の代数和 (algebraic sum) を $A + B$ とすると，$A + B$ はつぎのメンバーシップ関数によって特性づけられた集合である．

$$\mu_{A+B}(x) = \mu_A(x) + \mu_B(x) - \mu_A(x)\mu_B(x), \quad \forall x \in X$$

⑫ 絶対差：ファジィ集合 A, B の絶対差 (absolute difference) を $| A - B |$ とすると，$| A - B |$ はつぎのメンバーシップ関数によって特性づけられた集合である．

$$\mu_{|A-B|}(x) = | \mu_A(x) - \mu_B(x) |, \quad \forall x \in X$$

⑬ 凸結合：A, B, C を X での任意のファジィ集合とする．A, B の C による凸集合 (convex combination) を $(A, B; C)$ で示すと $(A, B; C)$ はつぎのように定義される．

$$(A, B; C) = CA + \bar{C}B$$

また $(A, B; C)$ のメンバーシップ関数は

$$\mu_{(A,B;C)} = \mu_C(x)\mu_A(x) + [1 - \mu_C(x)]\mu_B(x), \quad \forall x \in X$$

となる．

⑭ レベル集合：$\alpha \in [0, 1]$ とする．ファジィ集合 A の α–レベル集合 (α–level set) を A_α とすると，A_α はつぎのように定義される非ファジィ集合である．

$$A_\alpha = \{x \mid \mu_A(x) \geq \alpha\}, \quad x \in X, \quad \alpha \in [0, 1]$$

ファジィ集合に関してつぎのような性質がある．

(1) $\varnothing \subseteq A \subseteq X$

(2) $A \subseteq A$ (反射律)

(3) $A \subseteq B,\ B \subseteq A \Rightarrow A = B$ (反対称律)

(4) $A \subseteq B,\ B \subseteq C \Rightarrow A \subseteq C$ (推移律)

(5) $A \cup A = A,\ A \cap A = A$ (ベキ等律)

(6) $A \cup B = B \cup A,\ A \cap B = B \cap A$ (交換律)

(7) $(A \cup B) \cup C = A \cup (B \cup C)$,
$(A \cap B) \cap C = A \cap (B \cap C)$ (結合律)

(8) $A \cup (A \cap B) = A,\ A \cap (A \cup B) = A$ (吸収律)

(9) $A \cup (B \cap C) = (A \cup B) \cap (A \cup C)$,
$A \cap (B \cup C) = (A \cap B) \cup (A \cap C)$ (分配律)

(10) $\bar{\bar{A}} = A$ (二重否定の法則)

(11) $\overline{A \cup B} = \bar{A} \cap \bar{B}$,
$\overline{A \cap B} = \bar{A} \cup \bar{B}$ (ド・モルガンの法則)

(12) $A \cup X = X,\ A \cap X = A$,
$A \cup \varnothing = A,\ A \cap \varnothing = \varnothing$ (定数法則)

(13) 一般に $A \cup \bar{A} \neq X,\ A \cap \bar{A} \neq \varnothing$ (相補律の不成立)

(14) $AA \subseteq A,\ A + A \supseteq A$

(15) $AB + BA,\ A + B = B + A$

(16) $(AB)C = A(BC),\ (A + B) + C = A + (B + C)$

(17) $A(A + B) \subseteq A,\ A + (AB) \supseteq A$

(18) $A(B + C) \subseteq AB + AC,\ A + (BC) \supseteq (A + B)(A + C)$

(19) $\overline{AB} = \bar{A} + \bar{B},\ \overline{A + B} = \bar{A}\bar{B}$

(20) $A\varnothing = \varnothing,\ AX = A,\ A + \varnothing = A,\ A + X = X$

(21) $A\bar{A} \supseteq \varnothing,\ A + \bar{A} \subseteq X$

(22) $AB \subseteq A \cap B,\ A + B \supseteq A \cup B$

(23) $A(B \cup C) = (AB) \cup (AC),\ A(B \cap C) = (AB) \cap (AC)$

(24) $A + (B \cup C) = (A + B) \cup (A + C),$

$A + (B \cap C) = (A + B) \cap (A + C)$

(25) $A \cup (BC) \supseteq (A \cup B)(A \cup C),\ A \cap (BC) \supseteq (A \cap B)(A \cap C)$

(26) $A \cup (B + C) \subseteq (A \cup B) + (A \cup C),$

$A \cap (B + C) \subseteq (A \cap B) + (A \cap C)$

9.3 ファジィ関係

$X \times Y = \{(x, y) \mid x \in X, y \in Y\}$ におけるファジィ関係 (fuzzy relation)R とは，つぎのメンバーシップ関数

$$\mu_R : X \times Y \to [0, 1]$$

によって特性づけられる $X \times Y$ 上のファジィ集合を示す．ファジィ関係に関してつぎのことが定義される．

① n 項ファジィ関係：直積空間 $X = X_1 \times X_2 \times \cdots X_n$ における n 項ファジィ関係 (n-ary fuzzy relation) とは，つぎの n 変数メンバーシップ関数 $\mu_r(x_1, x_2, \ldots, x_n)$ によって特性づけられた X 上のファジィ集合 R のことを示す．

$$\mu_R : X_1 \times X_2 \times \cdots X_n \to [0, 1]$$

② ファジィ関係の α–レベル関係：R を $X \times Y$ におけるファジィ関係とし，$\alpha \in [0,1]$ とする．このとき R の α–レベル関係 R_α とはつぎのように定義される非ファジィ関係である．

$$R_\alpha = \{(x,y) \mid \mu_R(x,y) \geq \alpha\}$$

③ ファジィ関係の包含：$X \times Y$ におけるファジィ関係 R, S において $\mu_R(x,y) \leq \mu_S(x,y)$, $\forall(x,y) \in X \times Y$ のとき，R が S に含まれるという．つまり，

$$R \subseteq S \Leftrightarrow \mu_R(x,y) \leq \mu_S(x,y), \ \ \forall(x,y) \in X \times Y$$

④ ファジィ関係の和：ファジィ関係 R, S の和を $R \cup S$ とすると $R \cup S$ はつぎのメンバーシップ関数で特性づけられた集合である．

$$\mu_{R \cup S}(x,y) = \max\{\mu_R(x,y), \mu_S(x,y)\}, \ \ \forall(x,y) \in X \times Y$$

⑤ ファジィ関係の交わり：ファジィ関係 R, S の交わりを $R \cap S$ とすると $R \cap S$ はつぎのメンバーシップ関数で特性づけられた集合である．

$$\mu_{R \cap S}(x,y) = \min\{\mu_R(x,y), \mu_S(x,y)\}, \ \ \forall(x,y) \in X \times Y$$

⑥ 補ファジィ関係：ファジィ関係 R の補ファジィ関係を $\bar{R}$ とすると $\bar{R}$ はつぎのメンバーシップ関数で特性づけられた集合である．

$$\mu_{\bar{R}}(x,y) = 1 - \mu_R(x,y), \ \ \forall(x,y) \in X \times Y$$

⑦ ファジィ関係の代数積：ファジィ関係 R, S の代数積を RS とすると RS はつぎのメンバーシップ関数で特性づけられた集合である．

$$\mu_{RS}(x,y) = \mu_R(x,y)\mu_S(x,y), \ \ \forall(x,y) \in X \times Y$$

⑧ ファジィ関係の代数和：ファジィ関係 R, S の代数和を $R + S$ とすると $R + S$ はつぎのメンバーシップ関数で特性づけられた集合である．

$$\mu_{R+S}(x,y) = \mu_R(x,y) + \mu_S(x,y) - \mu_R(x,y)\mu_S(x,y), \ \ \forall(x,y) \in X \times Y$$

⑨ ファジィ関係の合成：R を $X \times Y$ におけるファジィ関係とし S を $Y \times Z$ におけるファジィ関係とする．このとき，R と S の合成 (composition)$R \circ S$ は $X \times Z$ におけるファジィ関係であり，つぎのようなメンバーシップ関数によって定義される．

(i) マックス・ミニ合成 (max–min composition)：

$$\mu_{R \circ S}(x, z) = \max \min_y \{\mu_R(x, y), \mu_S(y, z)\}$$

ここで，$\max \min_y$ とは x と z を固定したときに各 y について最小値をとり，その最小値の中の最大値をとる演算記号である．これは通常の行列の積の演算と類似しており，かけ算を min に足し算を max に置き換えることに相当する．

(ii) マックス・スター合成 (max–star composition)：

$$\mu_{R \circ S}(x, z) = \max_y \{\mu_R(x, y) * \mu_S(y, z)\}$$

ここで，$*$ は $[0, 1]$ 区間で定義される任意の 2 項演算である．

(iii) マックス・積合成 (max–product composition)：

$$\mu_{R \circ S}(x, z) = \max_y \{\mu_R(x, y) \mu_S(y, z)\}$$

(iv) ミニ・マックス合成 (min–max composition)：

$$\mu_{R \circ S}(x, z) = \min \max_y \{\mu_R(x, y), \mu_S(y, z)\}$$

(v) ミニ・ミニ合成 (min-min composition)：

$$\mu_{R \circ S}(x, z) = \min \min_y \{\mu_R(x, y), \mu_S(y, z)\}$$

(vi) マックス・マックス合成 (max–max composition)：

$$\mu_{R \circ S}(x, z) = \max \max_y \{\mu_R(x, y), \mu_S(y, z)\}$$

⑩ 逆ファジィ関係：ファジィ関係 R の逆ファジィ関係 R^c はつぎのように定義される．

$$\mu_{R^c}(y, x) = \mu_R(x, y)$$

⑪ 恒等関係：ファジィ関係における恒等関係 (identity relation) を I とすると I はつぎのメンバーシップ関数により特性づけられた集合である.

$$\mu_I(x,y)=\begin{cases}1, & x=y\\ 0, & x\neq y\end{cases}$$

⑫ 零関係：ファジィ関係における零関係 (zero relation) を O とすると O はつぎのメンバーシップ関数により特性づけられた集合である.

$$\mu_O(x,y)=0$$

⑬ 全関係：ファジィ関係における全関係 (universe relation) を U とすると U はつぎのメンバーシップ関数により特性づけられた集合である.

$$\mu_U(x,y)=1$$

ファジィ関係に関してつぎのような性質がある.

(1) 任意のファジィ関係 R に対して $O\subseteq R\subseteq U$

(2) $R\subseteq R$

(3) $R\subseteq S,\ S\subseteq R\Rightarrow R=S$

(4) $R\subseteq S,\ S\subseteq T\Rightarrow R\subseteq T$

(5) $R\subseteq S\Leftrightarrow R\cup S\Leftrightarrow R\cap S=R$

(6) $R\subseteq S,\ T\subseteq W\Rightarrow R\cup T\subseteq S\cup W,\ R\cap T\subseteq S\cap W$

(7) $R\cup R=R,\ R\cap R=R$

(8) $R\cup S=S\cup R,\ R\cap S=S\cap R$

(9) $(R\cup S)\cup T=R\cup(S\cup T),\ (R\cap S)\cap T=R\cap(S\cap T)$

(10) $R\cup(R\cap S)=R,\ R\cap(R\cup S)=R$

(11) $R\cup(S\cap T)=(R\cup S)\cap(R\cup T)$,

$R\cap(S\cup T)=(R\cap S)\cup(R\cap T)$

(12) $\bar{\bar{R}}=R$

(13) $\overline{R\cup S}=\bar{R}\cap\bar{S}$,

$\overline{R\cap S}=\bar{R}\cup\bar{S}$

(14) $R\cup U=U,\ R\cap U=R,\ R\cup O=R,\ R\cap O=O$

(15) 一般に $R \cup \bar{R} \neq U,\ R \cap \bar{R} \neq O$

(16) $I \circ R = R \circ I = R,\ O \circ R = R \circ O = O$

(17) 一般に $R \circ S \neq S \circ R$

(18) $(R \circ S) \circ T = R \circ (S \circ T)$

(19) $R^0 = I,\ R^{m+1} = R^m \circ R$

(20) $R^m \circ R^n = R^{m+n}$

(21) $(R^m)^n = R^{mn}$

(22) $R \circ (S \cup T) = (R \circ S) \cup (R \circ T)$,
$(R \cup S) \circ T = (R \circ T) \cup (S \circ T)$

(23) $R \circ (S \cap T) = (R \circ S) \cap (R \circ T)$,
$(R \cap S) \circ T = (R \circ T) \cap (S \circ T)$

(24) $R \subseteq S,\ T \subseteq W \Rightarrow R \circ T \subseteq S \circ W$

(25) $(R \cup S)^c = R^c \cup S^c,\ (R \cap S)^c = R^c \cap S^c,\ (R \circ S)^c = R^c \circ S^c$

(26) $(R^c)^c = R$

(27) $\bar{R}^c = \bar{R}^c$

(28) $R \subseteq S \Rightarrow R^c \subseteq S^c,\ \bar{R} \supseteq \bar{S}$

9.4 ファジィ類似関係

ファジィ関係の1つに類似関係がある．これは通常の同値関係の一般化である．

① 反射性：ファジィ関係 R が反射的 (reflexive) であるとは

$$\mu_R(x, x) = 1, \quad \forall x \in X$$

が成立することである．

② 対称性：ファジィ関係 R が対称的 (symmetric) であるとは

$$\mu_R(x, y) = \mu_R(y, x)$$

が成立することである．

③ 推移性：ファジィ関係 R が推移的 (transitive) であるとは

$$\mu_R(x, z) \geq \max_y \min\{\mu_R(x, y), \mu_R(y, z)\}$$

が成立することである.

④ 反対称性：ファジィ関係 R が反対称的 (anti-symmetric) であるとは

$$\mu_R(x,y) > 0,\ \mu_R(y,x) > 0 \Rightarrow x = y$$

つまり

$$\mu_R(x,y) > 0,\ x \neq y \Rightarrow \mu_R(y,x) = 0$$

が成立することである.

⑤ 推移的閉包：R を任意のファジィ関係とする．このとき次式で示されるファジィ関係 $\hat{R}$ は推移的であり，これを推移的閉包 (transitive closure) という.

$$\hat{R} = R \cup R^2 \cup R^3 \cup \cdots, \quad R^i = \underbrace{R \circ R \circ \cdots \circ R}_{i\ 個}$$

特に，X 上のファジィ関係 R において X の要素数が n のとき，R の推移閉包 $\hat{R}$ は

$$\hat{R} = R \cup R^2 \cup \cdots \cup R^n$$

となる.

⑥ 類似関係：ファジィ関係 S がつぎの 3 つの性質をみたすとき，S を特に類似関係 (similarity relation) という.

(i) $\mu_S(x,x) = 1$ (反射性)

(ii) $\mu_S(x,y) = \mu_S(y,x)$ (対称性)

(iii) $\mu_S(x,z) \geq \max_y \min\{\mu_S(x,y), \mu_S(y,z)\}$ (推移性)

X 上の類似関係 S の各レベル関係 S_α は同値関係をなすため S_α により X の要素を同値類に分割することができる．すなわち，X の要素 x, y が同じ同値類に属するとき

$$\mu_S(x,y) \geq \alpha, \quad \alpha \in [0,1]$$

が成立する．これを，レベル関係 S_α を用いて表現すると

$$\mu_{S_\alpha}(x,y) = 1$$

となる.

⑦ 非類似関係：ファジィ関係 D がつぎの 3 つの性質をみたすとき D を非類似関係 (dissimilarity relation) という．

(i) $\mu_D(x, x) = 0$ (非反射性)

(ii) $\mu_D(x, y) = \mu_D(y, x)$ (対称性)

(iii) $\mu_D(x, z) \leq \min \max_y \{\mu_D(x, y), \mu_D(y, z)\}$ (推移性)

類似関係 S の補ファジィ関係を $\bar{S}$ とすると

$$\bar{S} = D$$

となる．

⑧ 相似関係：ファジィ関係 R がつぎの 2 つの性質をみたすとき R を相似関係 (resemblance relation) という．

(i) $\mu_R(x, x) = 1$ (反射性)

(ii) $\mu_R(x, y) = \mu_R(y, x)$ (対称性)

⑨ 非相似関係：ファジィ関係 A がつぎの 2 つの性質をみたすとき A を非相似関係 (anti-resemblance relation) という．

(i) $\mu_A(x, x) = 0$ (非反射性)

(ii) $\mu_A(x, y) = \mu_A(y, x)$ (対称性)

相似関係 R の補ファジィ関係を $\bar{R}$ とすると

$$\bar{R} = A$$

となる．

9.5　ファジィクラスタリング

9.5.1　ファジィクラスタリングとは

通常のクラスタリングとは，個体集合が与えられたとき，明確に互いに排他的部分集合 (クラスター) に分類することを意味する．つまり，ある 1 つのクラスターを考えるとき，個々の個体がそのクラスターに属するか属さないかが明確に識別できる必要がある．しかし，現実の問題ではすべてが明確に識別できるとは限らない．

ファジィクラスタリングとは，分類対象となる個体を境界が不明確であるファジィ部分集合 (ファジィクラスター) に分類する方法である．つまり，ファジィクラスタリングにおいては，個々の個体がそのクラスターに属するか属さないかのみを考慮するのではなく，どの程度属するかを考慮するものである．

$$\boldsymbol{X} = \{\boldsymbol{x}_1, \boldsymbol{x}_2, \ldots, \boldsymbol{x}_n\}, \quad \boldsymbol{x}_i \in R^p, \;\; i = 1, 2, \ldots, n$$

を与えられた n 個の個体集合とし，クラスター数を K $(1 < K < n)$ とする．ここに R^p は p 次元実ベクトル空間を示すものとする．X におけるファジィクラスター (ファジィ部分集合) をつぎのメンバーシップ関数により定義する．

$$\mu_k \; : \; \boldsymbol{X} \to [0,1], \;\; k = 1, 2, \ldots, K \tag{9.2}$$

各ファジィクラスター (以後，簡単にクラスターと呼ぶ) k におけるファジィグレード

$$\{u_{ik} = \mu_k(\boldsymbol{x}_i), \; 1 \leq i \leq n, \; 1 \leq k \leq K\}$$

がつぎの 3 つの条件を満足するとき，K 個のクラスターはファジィ K–分割であると定義する．

① $\forall i, k$ に対して $0 \leq u_{ik} \leq 1$

② $\forall i$ に対して $\sum_{k=1}^{K} u_{ik} = 1$

③ $\forall k$ に対して $0 < \sum_{i=1}^{n} u_{ik} < n$

u_{ik} を $n \times K$ の行列で $\boldsymbol{U} = [u_{ik}]$ と表現し，ファジィ分割行列と呼ぶ．特に，すべての i と k について $u_{ik} \in \{0, 1\}$ のときにはハードクラスタリング (ファジィクラスタリングに対して普通のクラスタリングをハードクラスタリングと呼ぶ) を表す．つまり，ハードクラスタリングはファジィクラスタリングの特別な場合と考えられる．

9.5.2 ファジィクラスタリングに関する研究の歴史

1965 年に Zadeh によってファジィ集合の概念が提唱され，その後，Zadeh 自身 (1973) によって，いわゆる言語変数の概念が提案された．これは言語変数に基づくファジィクラスタリングのみならず，ファジィ制御，パターン認識な

どの分野において画期的な提案であった.

Ruspini (1969) は初めて空間のファジィk–分割の概念を提案した. Ruspini はさらに, 与えられた個体集合のファジィk–分割を求めるためのアルゴリズムとして, ファジィ目的関数を用いるアルゴリズムを提案した. 現在用いられているファジィクラスタリング手法の多くは, この Ruspini の考え方に基づいている.

Gitman and Levine (1965) は, 多峰的なデータ集合を単峰的なファジィ部分集合に分割する手法を提案した. この手法は, モード探索法 (mode seeking technique) と呼ばれている. Zadeh は 1965 年の論文においてすでにファジィ集合はこの種の問題に有効であることを示唆しているが, 定式化したのは Gitman and Levine が最初である. これは, ある個体 x_i の近傍にいる x_i 以外の個体の数を $\mu(x_i)$ としたとき, この関数をメンバーシップ関数とみなし, そのレベル集合と Wishart (1969) の最近隣法に類似した方式を用いて分類を行うものである. ハードクラスタリングにおける最もよく知られている目的関数は級内偏差平方和であり, 観測データを $\boldsymbol{X} = \{\boldsymbol{x}_1, \boldsymbol{x}_2, \ldots, \boldsymbol{x}_n\}$ とするとき, つぎのように定義される.

$$J(\boldsymbol{U}, \boldsymbol{v}; \boldsymbol{X}) = \sum_{i=1}^{n} \sum_{k=1}^{K} u_{ik} \|\boldsymbol{x}_i - \boldsymbol{v}_k\|^2 \tag{9.3}$$

ここに $\{\boldsymbol{v}_1, \boldsymbol{v}_2, \ldots, \boldsymbol{v}_K\}$ はクラスターの重心を示し, $\boldsymbol{v}_k \in \mathcal{R}^p$, $k = 1, 2, \ldots, K$ である. また, $\boldsymbol{U} = [u_{ik}]$ は X のハードな分割 ($u_{ik} \in \{0, 1\}$) を示す. これに対して, Dunn (1974) は, ファジィ分割の考え方を導入し, (9.3) をつぎのように拡張した.

$$J_2(\boldsymbol{U}, \boldsymbol{v}; \boldsymbol{X}) = \sum_{i=1}^{n} \sum_{k=1}^{K} u_{ik}^2 \|\boldsymbol{x}_i - \boldsymbol{v}_k\|^2 \tag{9.4}$$

ここに $\boldsymbol{U} = (u_{ik})$ は $\boldsymbol{X}$ のファジィ分割行列 ($u_{ik} \in [0, 1]$) を示す.

つづいて, Bezdek (1980) は, (9.4) をファジィc–平均法として一般化し,

$$J_m(\boldsymbol{U}, \boldsymbol{v}; \boldsymbol{X}) = \sum_{i=1}^{n} \sum_{k=1}^{K} u_{ik}^m \|\boldsymbol{x}_i - \boldsymbol{v}_k\|_A^2 \tag{9.5}$$

と定義した. ここに $m \in [1, \infty)$ はファジィグレードを調整するパラメータであり, $\boldsymbol{A}$ を任意の $p \times p$ 正定値行列とするとき,

$$\|\boldsymbol{x}_i - \boldsymbol{v}_k\|_A \equiv (\boldsymbol{x}_i - \boldsymbol{v}_k)'\boldsymbol{A}(\boldsymbol{x}_i - \boldsymbol{v}_k)$$

であるとした．この J_m を最小にするアルゴリズムについては後述する．

Roubens (1978) は，これらのファジィクラスタリングの基準を総合的にまとめている．また，クラスター数を決定するための基準を定義し，クラスタリング結果の妥当性について検討した．

また Gustafson and Kessel (1979) は，(9.5) において $\boldsymbol{A} = \{\boldsymbol{A}_1, \boldsymbol{A}_2, \ldots, \boldsymbol{A}_K\}$ とおき (9.5) を $J_m(\boldsymbol{U}, \boldsymbol{v}, \boldsymbol{A}; \boldsymbol{X})$ という 3 つの変数からなる式とみなして分析を行った．これは，クラスターごとに異なるクラスターの形状を仮定し，行列 $\boldsymbol{A}_k$ $(k = 1, 2, \ldots, K)$ によって特徴づけられる超楕円によって，各クラスターを表現しようとするものである．

ファジィc–平均法について目的関数 J_m の収束性については Bezdek (1980) および Bezdek (1987)，Sabin (1987) において述べられている．Bezdek (1980) では点から集合への写像を用いた Zangwill の収束定理を用い，ファジィc–平均法のアルゴリズムはその目的関数 J_m(9.5) の極小値に収束することを示した．さらにその後，Bezdek (1987) では，J_m は，局所的最小値あるいは鞍点に収束すると結論づけた．さらに Sabin (1987) は分布を用い，収束性を近似的に証明している．

Zadeh (1971) の論文においてファジィ類似関係を定義し，これを通常のハードな同値関係の拡張であるとした．ハードな分割と通常の同値関係の同型性 (isomorphism) を考慮した上で，ファジィ類似関係を重み付き同値関係の有限個の結合として定義し，任意のファジィ類似関係は通常のハードな同値関係に分解できることを証明した．さらに，ファジィ推移則をマックス・ミニ (max–min) 演算を用いて定義した．Tamura et al. (1971) は Zadeh (1965) が提案したファジィ関係が距離の公理を満たさないことを指摘し，ファジィ関係の合成を用いることにより，この点を改良した．さらに，この関係より同値関係を導くことによりクラスタリングを行う手法を提案し実際のデータを用いて数値実験を行っている．また，Dunn (1974) は Tamura et al. (1971) が提案したファジィ関係をグラフ理論的に分析している．

Kandel and Yelowitz (1974) は推移閉包を求める高速な計算法として知られ

ている Warshall (1962) のアルゴリズム (グラフの節点数が n のとき n^3 に比例するブール演算 (和と積) の回数で解ける) の改良に基づきファジィ類似関係のマックス・ミニ (max–min) 演算による推移閉包を計算する手法を提案した.

9.6　ファジィ c–平均法

Dunn (1973) が提唱し Bezdek (1980) が一般化したファジィ c–平均法は, k–平均法 (k–means 法) において, クラスターをファジィ部分集合で表現したものであり, データが複数のクラスターにあるグレードをもって帰属することを許すように定式化した一手法である (なぜファジィ k–means 法と呼ばなかったかは不明である, これは Bezdek の命名によるものと思われる).

データ数を n, クラスター数を c とするとき, クラスタリングの目的関数として, つぎのような偏差平方和を拡張したものを用いる.

$$J_m(\boldsymbol{U}, \boldsymbol{v}) = \sum_{i=1}^{n} \sum_{k=1}^{c} (u_{ik})^m d(\boldsymbol{x}_i, \boldsymbol{v}_k), \quad 1 < m < \infty \tag{9.6}$$

ここで, それぞれの記号は以下のとおりである. $\boldsymbol{U} = (u_{ik})$ はファジィ分割行列であり, $d(\boldsymbol{x}_i, \boldsymbol{v}_k)$ は個体 $\boldsymbol{x}_i$ とクラスター k の重心 $\boldsymbol{v}_k$ との距離を表す関数 (通常はユークリッド距離を用いるが, その他の距離関数でもよい) を表し, m は帰属度の曖昧さ (ファジィネス) を調整するパラメータであり, $m \geq 1$ として与えられたものとする. m が 1 より大きくなるほど曖昧さが増したクラスタリングになる. このように自由に曖昧さを調節できるのがファジィ c–平均法の特徴であるが, 多くの場合には $m = 2$ が用いられている.

この目的関数を極小 (最小) とするように $\boldsymbol{v}_k$ と u_{ik} を反復的に求め, $\boldsymbol{U}$ の各要素の値が収束したところで終了する.

目的関数を極小にする $\boldsymbol{v}_k, u_{ik}$ は次式で与えられる.

$$u_{ik} = \sum_{h=1}^{c} \left\{ \frac{d(\boldsymbol{x}_i, \boldsymbol{v}_k)}{d(\boldsymbol{x}_i, \boldsymbol{v}_h)} \right\}^{-2/(m-1)} \tag{9.7}$$

$$\boldsymbol{v}_k = \frac{\sum_{i=1}^{n} (u_{ik})^m \boldsymbol{x}_i}{\sum_{i=1}^{n} (u_{ik})^m} \tag{9.8}$$

これらの表現 (9.7),(9.8) はラグランジュ未定係数法を用いて導くことができる.

(9.7) の証明：任意の分割 $\boldsymbol{U}$ について中心ベクトル $\boldsymbol{v}$ が与えられたものとするとき，目的関数 (9.6) を

$$g_m(\boldsymbol{U}) = J_m(\boldsymbol{U}, \boldsymbol{v})$$

と定義すると $g_m(\boldsymbol{U})$ の項は，データに関して独立であるから，$g_m(\boldsymbol{U})$ を最小にすることは，データに関する各項を最小にすることと同値である．したがって，

$$\begin{aligned}\min_{\boldsymbol{U}}\{g_m(\boldsymbol{U})\} &= \min_{\boldsymbol{U}}\left\{\sum_{i=1}^{n}\sum_{k=1}^{c}(u_{ik})^m d(\boldsymbol{x}_i, \boldsymbol{v}_k)\right\} \\ &= \sum_{i=1}^{n}\left[\min_{u_{ik}}\left\{\sum_{k=1}^{c}(u_{ik})^m d(\boldsymbol{x}_i, \boldsymbol{v}_k)\right\}\right]\end{aligned}$$

ここで

$$g_m(u_{ik}) = \sum_{k=1}^{c}(u_{ik})^m d(\boldsymbol{x}_i, \boldsymbol{v}_k)$$

とおく．前述の制約条件

$$\sum_{k=1}^{c} u_{ik} = 1 \tag{9.9}$$

に関して，ラグランジュの未定乗数 λ を導入し，以下を最小にする．

$$F_m(\lambda, u_{ik}) = \sum_{k=1}^{c}(u_{ik})^m d(\boldsymbol{x}_i, \boldsymbol{v}_k) - \lambda\left(\sum_{k=1}^{c} u_{ik} - 1\right)$$

上式より

$$\frac{\partial F_m}{\partial \lambda}(\lambda, u_{ik}) = \left(\sum_{k=1}^{c} u_{ik} - 1\right) = 0 \tag{9.10}$$

$$\frac{\partial F_m}{\partial u_{st}}(\lambda, u_{ik}) = m(u_{st})^{m-1} d(\boldsymbol{x}_s, \boldsymbol{v}_t) - \lambda = 0 \tag{9.11}$$

が得られる．(9.11) より，

$$u_{st} = \left\{\frac{\lambda}{m d(\boldsymbol{x}_s, \boldsymbol{v}_t)}\right\}^{1/(m-1)} \tag{9.12}$$

(9.9) を用いると

$$\begin{aligned}\sum_{t=1}^{c} u_{st} &= \sum_{t=1}^{c}\left(\frac{\lambda}{m}\right)^{1/(m-1)}\left\{\frac{1}{d(\boldsymbol{x}_s, \boldsymbol{v}_t)}\right\}^{1/(m-1)} \\ &= \left(\frac{\lambda}{m}\right)^{1/(m-1)}\left[\sum_{t=1}^{c}\left\{\frac{1}{d(\boldsymbol{x}_s, \boldsymbol{v}_t)}\right\}^{1/(m-1)}\right] = 1\end{aligned}$$

これより

$$\left(\frac{\lambda}{m}\right)^{1/(m-1)} = \frac{1}{\sum_{t=1}^{c}\{1/d(\boldsymbol{x}_s, \boldsymbol{v}_t)\}^{1/(m-1)}}$$

上式を再び (9.12) に代入すると

$$\begin{aligned} u_{st} &= \frac{1}{\sum_{h=1}^{c}\{1/d(\boldsymbol{x}_s, \boldsymbol{v}_h)\}^{1/(m-1)}}\left\{\frac{1}{d(\boldsymbol{x}_s, \boldsymbol{v}_t)}\right\}^{1/(m-1)} \\ &= \frac{1}{\sum_{h=1}^{c}\{d(\boldsymbol{x}_s, \boldsymbol{v}_t)/d(\boldsymbol{x}_s, \boldsymbol{v}_h)\}^{1/(m-1)}} \end{aligned}$$

が得られる．

(9.8) の証明：$U = (u_{ik})$ を固定して，$\boldsymbol{v}$ に関する目的関数を

$$h_m(\boldsymbol{v}) = J_m(\boldsymbol{U}, \boldsymbol{v})$$

と定め，$\boldsymbol{v}$ を (9.8) の形で陽に求めるために，距離関数をユークリッド距離の平方

$$d(\boldsymbol{x}_i, \boldsymbol{v}_k) = \sum_{a=1}^{p}(x_{ia} - v_{ka})^2 = \langle \boldsymbol{x}_i - \boldsymbol{v}_k, \boldsymbol{x}_i - \boldsymbol{v}_k \rangle$$

とする．ただし $\langle \cdot\,,\,\cdot \rangle$ は内積を表す．これを用いると

$$h_m(\boldsymbol{v}) = \sum_{i=1}^{n}\sum_{k=1}^{c}(u_{ik})^m \langle \boldsymbol{x}_i - \boldsymbol{v}_k, \boldsymbol{x}_i - \boldsymbol{v}_k \rangle$$

となる．各 k における任意の単位ベクトル $\boldsymbol{w} \in \mathcal{R}^p$ について，微分 $h'_m(\boldsymbol{v}_k; \boldsymbol{w}) = 0$ となることより

$$\begin{aligned} h'_m(\boldsymbol{v}_k; \boldsymbol{w}) &= \sum_{i=1}^{n}(u_{ik})^m \frac{d}{dt}\langle \boldsymbol{x}_i - \boldsymbol{v}_k - t\boldsymbol{w}, \boldsymbol{x}_i - \boldsymbol{v}_k - t\boldsymbol{w} \rangle\Big|_{t=0} \\ &= -2\left\{\sum_{i=1}^{n}(u_{ik})^m \langle \boldsymbol{x}_i - \boldsymbol{v}_k, \boldsymbol{w} \rangle\right\} = 0, \quad {}^\forall \boldsymbol{w} \\ &\Longleftrightarrow \left\langle \sum_{i=1}^{n}(u_{ik})^m(\boldsymbol{x}_i - \boldsymbol{v}_k), \boldsymbol{w} \right\rangle = 0, \quad {}^\forall \boldsymbol{w} \\ &\Longleftrightarrow \sum_{i=1}^{n}(u_{ik})^m(\boldsymbol{x}_i - \boldsymbol{v}_k) = 0 \end{aligned}$$

これより，任意の k について

$$\boldsymbol{v}_k = \frac{\displaystyle\sum_{i=1}^{n} (u_{ik})^m \boldsymbol{x}_i}{\displaystyle\sum_{i=1}^{n} (u_{ik})^m}$$

が得られる．

9.7 ファジィc–平均法の基本アルゴリズム

[手順 **1**] 帰属を調整するパラメーター m と，クラスター数 c とを与える．また，$\boldsymbol{U}$ の初期値 $\boldsymbol{U}^0$ を適当に与える ($\boldsymbol{U}^0$ は，u_{ik} に無関係に適当に選んでよい)．距離関数としてはユークリッド距離の平方を用いる．$\ell = 0$ とおく．

[手順 **2**] $\boldsymbol{U}^{(\ell)}$ と (9.8) を用いてクラスター中心 $\left\{\boldsymbol{v}_k^{(\ell)}\right\}$ を計算する．

[手順 **3**] $\left\{\boldsymbol{v}_k^{(\ell)}\right\}$ と (9.7) を用いて $\boldsymbol{U}^{(\ell+1)}$ を求める．

[手順 **4**] 適当な閾値 ε を定義して，$\|\boldsymbol{U}^{(\ell)} - \boldsymbol{U}^{(\ell+1)}\| \leq \varepsilon$ となるまで手順 3，手順 4 を繰り返す．

アイリスデータにファジィc–平均法を適用してみよう．ここでもファジィc–

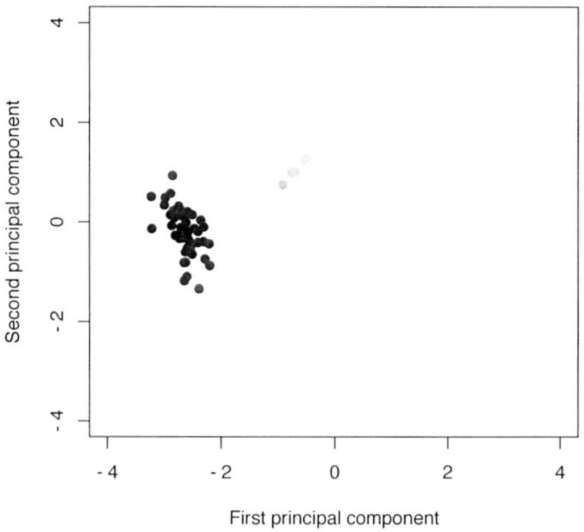

図 **9.1** ファジィc–平均法：アイリスデータ，クラスター 1

平均法の結果を2次元の主成分平面に表現することとする．アイリスデータを3つのファジィクラスターに分類することとする．ファジィc–平均法の結果は各クラスターへの帰属度$\boldsymbol{U} = (u_{ik})$が得られるので，その分類結果を帰属度が1.0ならば黒，帰属度が0.0ならば白までを連続にグレースケールで表現す

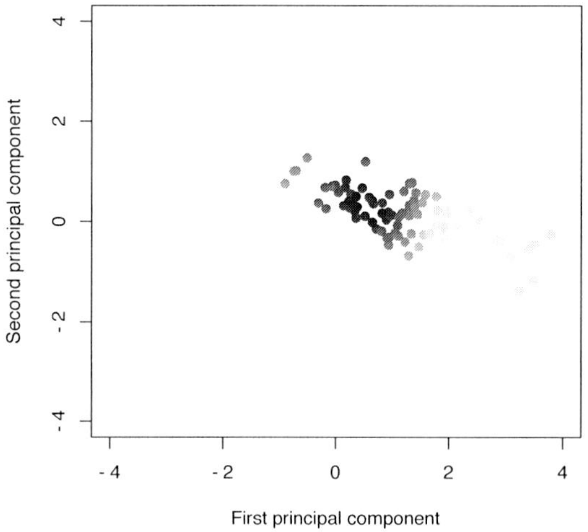

図 **9.2**　ファジィc–平均法：アイリスデータ，クラスター 2

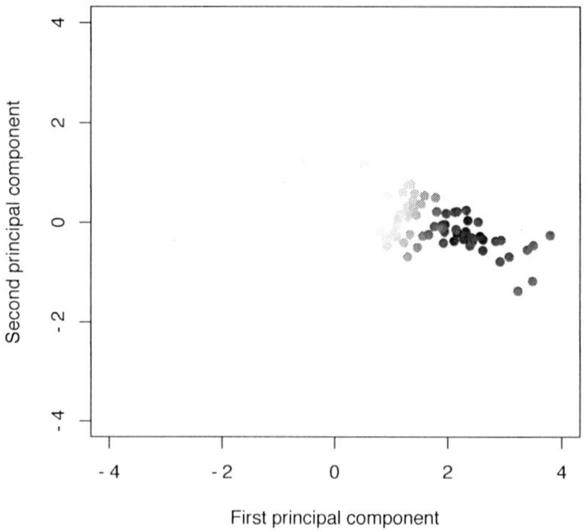

図 **9.3**　ファジィc–平均法：アイリスデータ，クラスター 3

ることとする．各クラスターごとに図示したものが図 9.1，図 9.2，図 9.3 である．結果をみるとおおよそ k–平均法と同等の結果が得られているように思われるが，分類のあいまいな部分の様子がよく表されているものと思われる．

9.8 ファジィクラスタリングの妥当性

Windham (1982) は，ファジィ c–平均法におけるクラスタリング結果の妥当性を評価する基準として UDF (uniform data functional) を提案した．これはファジィ c–平均法においては形成されるクラスターの形状が球状となる傾向があるので，データがもし単位球体に一様に分布しているならば，クラスターを構成することに意味がないし，またそのようなクラスター自身も意味をなさない．そこで，この程度を測る尺度として UDF を用いている．UDF はつぎのように定義される．

$$UDF(\boldsymbol{U}) = \sum_{i=1}^{n} \frac{\Phi(\rho(\boldsymbol{x}_i))}{n}$$

ここに $\boldsymbol{U}$ はファジィ c–平均法における解を示すもので，クラスターの帰属度を表す分割行列 $\boldsymbol{U} = [u_{ik}]$ であり，記号を Windham に合わせるため $u_{ik} = u_k(\boldsymbol{x}_i)$ とおく．ここに，$\{\boldsymbol{x}_1, \ldots, \boldsymbol{x}_n\}$ は分類の対象である n 個の個体であり，$x_i \in \mathcal{R}^d$ とする．このとき，個体 $\boldsymbol{x}$ について，そのクラスタリングの質のよさを評価する関数としてつぎの ρ を考える．

$$\rho \ : \ B^d \to \mathcal{R}$$

ただし，

$$B^d = \left\{ \boldsymbol{x} \in \mathcal{R}^d \;\middle|\; |\boldsymbol{x}| \leq 1 \right\}$$

個体 $\boldsymbol{x}_i$ だけに注目すると，c 個のクラスターに分類したとき，その分類のよさは，たとえば，

$$\sum_{k=1}^{c} \{u_k(\boldsymbol{x}_i)\}^2 = \sum_{k=1}^{c} (u_{ik})^2, \quad \text{ただし} \quad \sum_{k=1}^{c} u_{ik} = 1$$

などが考えられる．そこで，ρ の値が小さいほど分類の質がよいと定義するため，ここでは

$$\rho(\boldsymbol{x}_i) = 1 - \sum_{k=1}^{c} \{u_k(\boldsymbol{x}_i)\}^2$$

とおく．さらに，この関数を用いて，B^d の内部で ρ の値が r 以下となる点の集合を

$$S_r \left\{ \boldsymbol{x} \in B^d \;\middle|\; \rho(\boldsymbol{x}) \leq r \right\}$$

として表し，関数 Φ をつぎのように定義する．

$$\Phi(r) \equiv \frac{S_r \text{ の体積}}{B^d \text{ の体積}}$$

この定義から，

$$\int_{B^d} \frac{\Phi(\rho(\boldsymbol{x}))\, d\boldsymbol{x}}{B^d \text{ の体積}} = \frac{1}{2}$$

すなわち，UDF の値が 1/2 に近いならば，ファジィc–平均法の結果はデータ集合にクラスターの構造をもたないことを示している．さらに UDF はデータ集合が単位球体からランダムに選ばれたときに得られるクラスターよりよいクラスターが得られる確率の期待値とみることができる．

Gath and Geva (1989) は密度 (density) と超体積 (hypervolume) に基づき，クラスタリングの妥当性を示す量を提案した．この量はつぎのように定義される．n を個体数，K をクラスター数，u_{ik} を個体 i のクラスター k に関する帰属度とする．F_k を k 番目のクラスターに関するファジィ共分散行列

$$F_k = \frac{\sum_{i=1}^{n} u_{ik}(\boldsymbol{x}_i - \bar{\boldsymbol{x}}_k)^2}{\sum_{i=1}^{n} u_{ik}}, \quad \bar{\boldsymbol{x}}_k = \frac{\sum_{i=1}^{n} u_{ik}\boldsymbol{x}_i}{\sum_{i=1}^{n} u_{ik}}$$

とし，これを用いて超体積 F_{HV} を

$$F_{HV} = \sum_{k=1}^{K} \{\det(F_k)\}^{1/2}$$

と定義する．また，平均分割密度とでもいうべき

$$D_{PA} = \frac{1}{K} \sum_{k=1}^{K} \frac{S_k}{\{\det(F_k)\}^{1/2}}$$

を定義している．ここに

$$S_k = \sum_{\boldsymbol{x}_j \in V_k} u_{jk}, \quad V_k = \left\{ \boldsymbol{x}_i \;\middle|\; (\boldsymbol{x}_i - \bar{\boldsymbol{x}}_k)' F_k^{-1} (\boldsymbol{x}_i - \bar{\boldsymbol{x}}_k) < 1 \right\}$$

である．さらに

$$S = \sum_{k=1}^{K} \sum_{\boldsymbol{x}_j \in V_k} u_{jk}$$

とおき，分割密度 D_P を

$$D_P = \frac{S}{F_{HV}}$$

と定義する．これらによって，クラスターの妥当性をつぎのように考える．基準 F_{HV} は多くの場合明らかな極値を示す．しかしながら，密度基準はクラスター間の重なり部分が大きな場合や，存在するクラスターの集積度が大きな場合にはその値の変動が大きくなる．基準 D_{PA} においては 1 個の集積したクラスターの存在を示すもので，非常に集積度の大きいクラスターかあるいは全く一様に近いクラスターが存在するとき，“よい” クラスターと判断することになる．これに対して，基準 D_P はより一般的な分類密度を表現しているものと考えられる．なぜならば，D_P 密度の物理的な意味合いとも合致するからである．

chapter 10

多変量正規混合モデルによるクラスター分析

ファジィc–平均法の基本的な考え方は，クラスターをファジィ部分集合で表現することであり，クラスターの境界が不明確なものとして与えられることとともに，各個体がクラスターに属す度合いが区間 $[0,1]$ の数値で与えられることである．この考え方はその特別な場合として，クラスターをある確率分布で表現する．このとき，対象となる空間にいくつかのクラスターが存在するということは，全体がいくつかの確率分布の混合されたものと解釈することは自然なことに思われる．そのとき，クラスターはその重心の周りに形成され，重心から離れるにつれてそのクラスターへの帰属度が減少するというモデルが妥当であろう．すなわちクラスターを表現する確率分布の密度関数は単峰性をもつと仮定して，ここでは多変量正規分布でクラスターを表現し，モデルとしてそれらの混合分布を考えよう．

正規混合モデルについては，現在なおいろいろな観点から研究がなされており，興味ある結果が報告されている．本章ではその基本的な考え方と，クラスター分析としての扱いについて説明する．

クラスター分析においてはクラスター数は本来未知であるが，k–平均法やファジィc–平均法と同様にクラスター数 K が与えられているものとし，K 個のクラスターがそれぞれ p 変量正規分布 $N_p(\boldsymbol{\mu}_k, \boldsymbol{\Sigma}_k)$ に従うものとし，それらの確率密度関数がつぎのように与えられているものとする．

$$f_k(\boldsymbol{x}) = \phi(\boldsymbol{x} \mid \boldsymbol{\mu}_k, \boldsymbol{\Sigma}_k)$$
$$= \frac{1}{\sqrt{(2\pi)^p|\boldsymbol{\Sigma}_k|}} \exp\left\{-\frac{1}{2}(\boldsymbol{x}-\boldsymbol{\mu}_k)'\boldsymbol{\Sigma}_k^{-1}(\boldsymbol{x}-\boldsymbol{\mu}_k)\right\},$$
$$k = 1, 2, \ldots, K$$

このとき，データはつぎのような混合分布をもつ母集団からの標本とみなす．

$$f(\boldsymbol{x}) = \sum_{k=1}^{K} \pi_k f_k(\boldsymbol{x}) = \sum_{k=1}^{K} \pi_k \phi(\boldsymbol{x} \mid \boldsymbol{\mu}_k, \boldsymbol{\Sigma}_k)$$

ここに π_k はクラスター k の相対的な大きさ，あるいはクラスター k の事前確率であり，

$$\sum_{k=1}^{K} \pi_k = 1, \quad \pi_k > 0$$

を満たすものとする．

p 変量観測データ $\boldsymbol{x}_1, \boldsymbol{x}_2, \ldots, \boldsymbol{x}_n$ に基づき，正規混合分布モデルの未知パラメータ

$$\pi_1, \pi_2, \ldots, \pi_K; \quad \boldsymbol{\mu}_1, \boldsymbol{\mu}_2, \ldots, \boldsymbol{\mu}_K; \quad \boldsymbol{\Sigma}_1, \boldsymbol{\Sigma}_2, \ldots, \boldsymbol{\Sigma}_K$$

を推定することによってクラスターを同定する．パラメータの推定法としては最尤法を用いるが，パラメータに関するすべての情報を観測データから得られるわけではないので，通常 EM アルゴリズムが用いられる．そこでまず EM アルゴリズムとその概念について説明しよう．

10.1　EM アルゴリズム

EM アルゴリズムは Dempster et al. (1977) によって，不完全データに基づく最尤推定値をある繰り返し計算を行うことによって得るためのアルゴリズムとして提案されたものである．このアルゴリズムの名称は繰り返し計算過程が後述する “expectation-step” と “maximization-step” を交互に繰り返すことに由来するものである．

標本空間 $\mathcal{X}$ 上の確率変数 $\boldsymbol{X}$ の分布がある母数空間 $\boldsymbol{\Theta}$ における $\boldsymbol{\theta}$ によって定められる，すなわち，$\boldsymbol{X}$ の確率密度関数が

$$f(\boldsymbol{x} \mid \boldsymbol{\theta})$$

と与えられているものとする．このとき確率変数 $\boldsymbol{X}$ の値は直接観測できず，ある標本空間 $\mathcal{Y}$ 上の確率変数 $\boldsymbol{Y}$ を通してのみ観測可能であるものとする．$\mathcal{X}$ から $\mathcal{Y}$ への写像 $\boldsymbol{x} \rightarrow \boldsymbol{y}(\boldsymbol{x})$ が存在し，$\mathcal{X}$ の部分集合

$$\mathcal{X}(\boldsymbol{y}) = \{\boldsymbol{x} \mid \boldsymbol{x} \in \mathcal{X},\ \boldsymbol{y}(\boldsymbol{x}) = \boldsymbol{y}\} \subset \mathcal{X}$$

を定めるとき，$\boldsymbol{X}$ の値 $\boldsymbol{x}$ は部分集合 $\mathcal{X}(\boldsymbol{x})$ にあるということのみ知ることができるという下で $\boldsymbol{\theta}$ を推定することを考えよう．このとき $\boldsymbol{y}$ の分布 $g(\boldsymbol{y} \mid \boldsymbol{\theta})$ は

$$g(\boldsymbol{y} \mid \boldsymbol{\theta}) = \int_{\mathcal{X}(\boldsymbol{y})} f(\boldsymbol{x} \mid \boldsymbol{\theta})\, d\boldsymbol{x}$$

として得られる．

パラメータ $\boldsymbol{\theta}$ の最尤推定量は $f(\boldsymbol{x} \mid \boldsymbol{\theta})$ に関する尤度 (対数尤度) を最大にすべきであるが，観測されるのは $\boldsymbol{Y}$ であるから，$g(\boldsymbol{y} \mid \boldsymbol{\theta})$ に関する尤度を最大にする $\boldsymbol{\theta}$ を求めることになる．そのため，$\boldsymbol{Y} = \boldsymbol{y}$ が与えられたときの $\boldsymbol{X}$ の条件付確率密度関数を考えると，

$$f(\boldsymbol{x} \mid \boldsymbol{y}, \boldsymbol{\theta}) = \frac{f(\boldsymbol{x} \mid \boldsymbol{\theta})}{g(\boldsymbol{x} \mid \boldsymbol{\theta})}$$

と表される．したがって，観測値 $\boldsymbol{Y} = \boldsymbol{y}$ についての対数尤度関数 $\ell(\boldsymbol{\theta} \mid \boldsymbol{y})$ はつぎのように与えられる．

$$\ell(\boldsymbol{\theta} \mid \boldsymbol{y}) = \log g(\boldsymbol{x} \mid \boldsymbol{\theta}) = \log f(\boldsymbol{x} \mid \boldsymbol{\theta}) - \log f(\boldsymbol{x} \mid \boldsymbol{y}, \boldsymbol{\theta})$$

このとき，$\boldsymbol{\theta}$ のある値 $\boldsymbol{\theta}^1$ および $\boldsymbol{Y} = \boldsymbol{y}$ が与えられたという条件の下で上式のについて $\boldsymbol{X}$ に関する条件付期待値を考える．

$$\ell\left(\boldsymbol{\theta}^1 \mid \boldsymbol{y}\right) = E_{\boldsymbol{\theta}^1}\left\{\log f(\boldsymbol{x} \mid \boldsymbol{\theta}) \,\middle|\, \boldsymbol{Y} = \boldsymbol{y}\right\} - E_{\boldsymbol{\theta}^1}\left\{\log f(\boldsymbol{x} \mid \boldsymbol{y}, \boldsymbol{\theta}) \,\middle|\, \boldsymbol{Y} = \boldsymbol{y}\right\}$$

上記の右辺の第 1 項を $Q(\boldsymbol{\theta} \mid \boldsymbol{\theta}^1)$，第 2 項を $H(\boldsymbol{\theta} \mid \boldsymbol{\theta}^1)$ とおく．

$$\begin{aligned}
Q(\boldsymbol{\theta} \mid \boldsymbol{\theta}^1) &\equiv E_{\boldsymbol{\theta}^1}\left\{\log f(\boldsymbol{x} \mid \boldsymbol{\theta}) \,\middle|\, \boldsymbol{Y} = \boldsymbol{y}\right\} \\
H(\boldsymbol{\theta} \mid \boldsymbol{\theta}^1) &\equiv E_{\boldsymbol{\theta}^1}\left\{\log f(\boldsymbol{x} \mid \boldsymbol{y}, \boldsymbol{\theta}) \,\middle|\, \boldsymbol{Y} = \boldsymbol{y}\right\} \\
&= \int_{\mathcal{X}(\boldsymbol{y})} \log f(\boldsymbol{x} \mid \boldsymbol{y}, \boldsymbol{\theta}) f(\boldsymbol{x} \mid \boldsymbol{y}, \boldsymbol{\theta}^1)\, d\boldsymbol{x}
\end{aligned}$$

このとき，$H(\boldsymbol{\theta} \mid \boldsymbol{\theta}^1)$ の値は $\boldsymbol{\theta}^1$ を固定するとき，任意の $\boldsymbol{\theta}$ に関して，

$$\begin{aligned} H\left(\boldsymbol{\theta} \mid \boldsymbol{\theta}^1\right) - H\left(\boldsymbol{\theta}^1 \mid \boldsymbol{\theta}^1\right) &= \int_{\mathcal{X}(\boldsymbol{y})} \log f(\boldsymbol{x} \mid \boldsymbol{y}, \boldsymbol{\theta}) f\left(\boldsymbol{x} \mid \boldsymbol{y}, \tilde{\boldsymbol{\theta}}\right) \, d\boldsymbol{x} \\ &\quad - \int_{\mathcal{X}(\boldsymbol{y})} \log f(\boldsymbol{x} \mid \boldsymbol{y}, \boldsymbol{\theta}^1) f\left(\boldsymbol{x} \mid \boldsymbol{y}, \tilde{\boldsymbol{\theta}}\right) \, d\boldsymbol{x} \\ &= \int_{\mathcal{X}(\boldsymbol{y})} \log \frac{f(\boldsymbol{x} \mid \boldsymbol{y}, \boldsymbol{\theta})}{f(\boldsymbol{x} \mid \boldsymbol{y}, \boldsymbol{\theta}^1)} f\left(\boldsymbol{x} \mid \boldsymbol{y}, \boldsymbol{\theta}^1\right) \, d\boldsymbol{x} \\ &\leq \log \int_{\mathcal{X}(\boldsymbol{y})} \frac{f(\boldsymbol{x} \mid \boldsymbol{y}, \boldsymbol{\theta})}{f(\boldsymbol{x} \mid \boldsymbol{y}, \boldsymbol{\theta}^1)} f\left(\boldsymbol{x} \mid \boldsymbol{y}, \boldsymbol{\theta}^1\right) \, d\boldsymbol{x} \\ &= \log \int_{\mathcal{X}(\boldsymbol{y})} f\left(\boldsymbol{x} \mid \boldsymbol{y}, \boldsymbol{\theta}\right) \, d\boldsymbol{x} = 0 \end{aligned}$$

となることから常につぎの関係が成り立つ．

$$H\left(\boldsymbol{\theta} \mid \boldsymbol{\theta}^1\right) - H\left(\boldsymbol{\theta}^1 \mid \boldsymbol{\theta}^1\right) \leq 0$$

したがって，$\boldsymbol{\theta}$ の 2 つの値 $\boldsymbol{\theta}^1, \boldsymbol{\theta}^2$ について，$g(\boldsymbol{x} \mid \boldsymbol{\theta})$ の対数尤度を計算すると，

$$\ell(\boldsymbol{\theta}^2 \mid \boldsymbol{y}) - \ell(\boldsymbol{\theta}^1 \mid \boldsymbol{y}) = \left\{Q(\boldsymbol{\theta}^2 \mid \boldsymbol{\theta}^1) - Q(\boldsymbol{\theta}^1 \mid \boldsymbol{\theta}^1)\right\} - \left\{H(\boldsymbol{\theta}^2 \mid \boldsymbol{\theta}^1) - H(\boldsymbol{\theta}^1 \mid \boldsymbol{\theta}^1)\right\}$$

となり，もし，

$$Q\left(\boldsymbol{\theta}^2 \mid \boldsymbol{\theta}^1\right) \geq Q\left(\boldsymbol{\theta}^1 \mid \boldsymbol{\theta}^1\right)$$

ならば，

$$\ell\left(\boldsymbol{\theta}^2 \mid \boldsymbol{y}\right) \geq \ell\left(\boldsymbol{\theta}^1 \mid \boldsymbol{y}\right)$$

が成り立つ．したがって，ある与えられた $\boldsymbol{\theta}$ に対して $\ell(\boldsymbol{\theta} \mid \boldsymbol{y})$ の値を増加させる $\boldsymbol{\theta}^1$ を求めるためには

$$Q\left(\boldsymbol{\theta}^1 \mid \boldsymbol{\theta}\right) \geq Q(\boldsymbol{\theta} \mid \boldsymbol{\theta})$$

となる $\boldsymbol{\theta}^1$ を求めればよい．これが EM アルゴリズムの基本的な考え方である．すなわち，$\boldsymbol{\theta}$ のある初期値 $\boldsymbol{\theta}^{(\ell)}$ に対して，つぎの E–ステップと M–ステップを繰り返すことになる．

$$\begin{cases} \text{E–ステップ：} Q\left(\boldsymbol{\theta} \mid \boldsymbol{\theta}^{(\ell)}\right) \text{ を計算する} \\ \text{M–ステップ：} Q\left(\boldsymbol{\theta} \mid \boldsymbol{\theta}^{(\ell)}\right) \text{ を最大にする } \boldsymbol{\theta}^{(\ell+1)} \in \boldsymbol{\Theta} \text{ を求める} \end{cases}$$

10.2 多変量正規混合モデルによるクラスタリング

観測された n 個の p 変量データ

$$\boldsymbol{x}_1, \boldsymbol{x}_2, \ldots, \boldsymbol{x}_n$$

を K 個の多変量正規混合分布

$$f(\boldsymbol{x}) = \sum_{k=1}^{K} \pi_k \phi(\boldsymbol{x} \mid \boldsymbol{\mu}_k, \boldsymbol{\Sigma}_k)$$

からの標本とみなそう．このとき，各標本 $\boldsymbol{x}_i$ がどのクラスター (多変量正規母集団) からの標本であるかは未知であるという意味で，不完全データと考えることができる．このとき，完全データとは

$$(\boldsymbol{x}_1, y_1), (\boldsymbol{x}_2, y_2), \ldots, (\boldsymbol{x}_n, y_n)$$

であり，y_i が標本 $\boldsymbol{x}_i$ のクラスターを指定する変数である．すなわち，ここでは $\boldsymbol{x}_i$ のみが観測されるが y_i が未定と考える．ここで，パラメータ $\boldsymbol{\theta}$ は

$$\pi_1, \pi_2, \ldots, \pi_K; \quad \boldsymbol{\mu}_1, \boldsymbol{\mu}_2, \ldots, \boldsymbol{\mu}_K; \quad \boldsymbol{\Sigma}_1, \boldsymbol{\Sigma}_2, \ldots, \boldsymbol{\Sigma}_K \tag{10.1}$$

である．したがって，観測値 $\boldsymbol{x}_i$ に関する対数尤度関数 $\ell(\boldsymbol{\theta} \mid \boldsymbol{x})$ はつぎのようになる．

$$\ell(\boldsymbol{\theta} \mid \boldsymbol{x}) = \sum_{i=1}^{n} \log \left\{ \sum_{k=1}^{K} \pi_k \phi(\boldsymbol{x}_i \mid \boldsymbol{\mu}_k, \boldsymbol{\Sigma}_k) \right\} \tag{10.2}$$

この $\ell(\boldsymbol{\theta} \mid \boldsymbol{x})$ を最大にするパラメータを EM アルゴリズムによって推定することが目的である．このとき，観測値 $\boldsymbol{x}_i$ と対応するパラメータ $\boldsymbol{\theta} = (\pi_k, \boldsymbol{\mu}_k, \boldsymbol{\Sigma}_k)$ が与えられたときの $Q(\tilde{\boldsymbol{\theta}} \mid \boldsymbol{\theta})$ は，各標本 $\boldsymbol{x}_i$ が独立であることを考慮すると，つぎのように表される．

$$\begin{aligned}
Q(\tilde{\boldsymbol{\theta}} \mid \boldsymbol{\theta}) &= E_{\boldsymbol{\theta}} \left\{ \log \prod_{i=1}^{n} \tilde{\pi}_{y_i} \phi\bigl(\boldsymbol{x}_i \mid \tilde{\boldsymbol{\mu}}_{y_i}, \tilde{\boldsymbol{\Sigma}}_{y_i}\bigr) \,\Big|\, \boldsymbol{x} \right\} \\
&= E_{\boldsymbol{\theta}} \left[\sum_{1=1}^{n} \left\{ \log(\tilde{\pi}_{y_i}) + \log \phi\bigl(\boldsymbol{x}_i \mid \tilde{\boldsymbol{\mu}}_{y_i}, \tilde{\boldsymbol{\Sigma}}_{y_i}\bigr) \right\} \Big| \boldsymbol{x} \right] \\
&= \sum_{i=1}^{n} E_{\boldsymbol{\theta}} \left[\log\left(\tilde{\pi}_{y_i}\right) + \log \phi\bigl(\boldsymbol{x}_i \mid \tilde{\boldsymbol{\mu}}_{y_i}, \tilde{\boldsymbol{\Sigma}}_{y_i}\bigr) \,\Big|\, \boldsymbol{x}_i \right]
\end{aligned}$$

ここに，$\boldsymbol{x}_i$ が与えられたとき，完全データ $(\boldsymbol{x}_i, y_i)$ においては y_i のみが確率変数である．また，y_i はクラスターと指定する変数であるからそのとり得る値は有限個，つまりクラスター番号 1 から K，ということになる．すなわち，$\boldsymbol{X} = \boldsymbol{x}_i$ が与えられたときの Y の分布は，$\boldsymbol{X}$ が与えられたときの Y の事後分布として与えられる．そこで，$\boldsymbol{x}_i$ が与えられたときの $Y = k$，$k = 1, \ldots, K$ の事後確率を $p_{i,k}$ と表すと，ベイズの定理から，1 章で述べたように，つぎのように与えられる．

$$p_{i,k} = \frac{\pi_k \phi(\boldsymbol{x}_i \mid \boldsymbol{\mu}_k, \boldsymbol{\Sigma}_k)}{\sum_{k=1}^{K} \pi_k \phi(\boldsymbol{x}_i \mid \boldsymbol{\mu}_k, \boldsymbol{\Sigma}_k)}, \quad \sum_{k=1}^{K} p_{i,k} = 1$$

したがって，$Q(\boldsymbol{\theta}^1 \mid \boldsymbol{\theta})$ の各項は，

$$\begin{aligned} &E_{\boldsymbol{\theta}}\left\{\log(\tilde{\pi}_{y_i}) + \log\phi\big(\boldsymbol{x}_i \mid \tilde{\boldsymbol{\mu}}_{y_i}, \tilde{\boldsymbol{\Sigma}}_{y_i}\big) \,\Big|\, \boldsymbol{x}_i\right\} \\ &= \sum_{k=1}^{K} p_{i,k} \log\tilde{\pi}_k + \sum_{k=1}^{K} p_{i,k} \log\phi\big(\boldsymbol{x}_i \mid \tilde{\boldsymbol{\mu}}_k, \tilde{\boldsymbol{\Sigma}}_k\big) \end{aligned}$$

と表される．ここで，上式において与えられた $\boldsymbol{\theta}$ のかかわりが直接にはみえにくくなっているが，$\boldsymbol{\theta}$ は $p_{i,k}$ を計算するために用いられており，$\boldsymbol{\theta}^1$ が更新されるべきパラメータである．したがって，与えられた $\boldsymbol{\theta}$ に対して最大にすべき関数 $Q(\tilde{\boldsymbol{\theta}} \mid \boldsymbol{\theta})$ はつぎのようになる．

$$Q\big(\tilde{\boldsymbol{\theta}} \mid \boldsymbol{\theta}\big) = \sum_{i=1}^{n}\sum_{k=1}^{K} p_{i,k} \log\tilde{\pi}_k + \sum_{i=1}^{n}\sum_{k=1}^{K} p_{i,k} \log\phi\big(\boldsymbol{x}_i \mid \tilde{\boldsymbol{\mu}}_k, \tilde{\boldsymbol{\Sigma}}_k\big)$$

この式を最大にするための事前確率 $\tilde{\pi}_k$ と多変量正規分布のパラメータ $\tilde{\boldsymbol{\mu}}_k, \tilde{\boldsymbol{\Sigma}}_k$ は別々に最適化される．

まず，$Q(\tilde{\boldsymbol{\theta}} \mid \boldsymbol{\theta})$ を最大にする $\tilde{\pi}_k$ を求めるためには，$\sum_k \tilde{\pi}_k = 1$ の条件の下で Q を最大化すればよいので，ラグランジュの未定乗数 λ を用いて

$$\eta(\boldsymbol{\theta}) = Q\big(\tilde{\boldsymbol{\theta}} \,\big|\, \boldsymbol{\theta}\big) - \lambda\left(\sum_{k=1}^{K} \tilde{\pi}_k - 1\right)$$

の $\tilde{\pi}_k$ に関する極値を求めればよい．すなわち，$\tilde{\pi}_k$ で微分して 0 とおくと，

$$\sum_{i=1}^{n} p_{i,k} = \lambda\tilde{\pi}_k$$

が得られ，両辺を k で和をとることにより，

$$\sum_{i=1}^{n}\sum_{k=1}^{K} p_{i,k} = \lambda \sum_{k=1}^{K} \tilde{\pi}_k$$

が得られ，$\lambda = n$ となることがわかる．したがって，

$$\tilde{\pi}_k = \frac{\sum_{i=1}^{n} p_{i,k}}{n}$$

が得られる．一方，Q を最大にする $\tilde{\boldsymbol{\mu}}_k, \tilde{\boldsymbol{\Sigma}}_k$ は，$\boldsymbol{x}_i$ が与えられたとき，$p_{i,k}$ の重み付き最尤推定量を求めればよいので，

$$\tilde{\boldsymbol{\mu}}_k = \frac{\sum_{i=1}^{n} p_{i,k}\boldsymbol{x}_i}{\sum_{i=1}^{n} p_{i,k}}$$

$$\tilde{\boldsymbol{\Sigma}}_k = \frac{\sum_{i=1}^{n} p_{i,k}(\boldsymbol{x}_i - \tilde{\boldsymbol{\mu}}_k)(\boldsymbol{x}_i - \tilde{\boldsymbol{\mu}}_k)'}{\sum_{i=1}^{n} p_{i,k}}$$

これらを要約すると，多変量正規混合モデルを用いたクラスタリングの EM アルゴリズムはつぎのようになる．

[手順 **1**] 初期設定 (ℓ)：$\pi_k^{(\ell)}$, $\boldsymbol{\mu}_k^{(\ell)}$, $\boldsymbol{\Sigma}_k^{(\ell)}$,　$k = 1, 2, \ldots, K$

[手順 **2**] E–ステップ：すべての $i = 1, 2, \ldots, n$，$k = 1, 2, \ldots, K$ について事後確率 $p_{i,k}$ を計算する．

$$p_{i,k} = \frac{\pi_k^{(\ell)}\phi\left(\boldsymbol{x}_i \,\middle|\, \boldsymbol{\mu}_k^{(\ell)}, \boldsymbol{\Sigma}_k^{(\ell)}\right)}{\sum_{k=1}^{K} \pi_k^{(\ell)}\phi\left(\boldsymbol{x}_i \,\middle|\, \boldsymbol{\mu}_k^{(\ell)}, \boldsymbol{\Sigma}_k^{(\ell)}\right)}$$

[手順 **3**] M–ステップ：

$$\pi_k^{(\ell+1)} = \frac{\sum_{i=1}^{n} p_{i,k}}{n}$$

$$\boldsymbol{\mu}_k^{(\ell+1)} = \frac{\sum_{i=1}^{n} p_{i,k}\boldsymbol{x}_i}{\sum_{i=1}^{n} p_{i,k}}$$

$$\boldsymbol{\Sigma}_k^{(\ell+1)} = \frac{\sum_{i=1}^{n} p_{i,k}\left(\boldsymbol{x}_i - \boldsymbol{\mu}_k^{(\ell+1)}\right)\left(\boldsymbol{x}_i - \boldsymbol{\mu}_k^{(\ell+1)}\right)'}{\sum_{i=1}^{n} p_{i,k}}$$

[手順 4] 収束判定：パラメータの値が収束するまで E–ステップと M–ステップを繰り返す.

このアルゴリズムにおいては，各クラスターの分散共分散行列のパラメータ $\boldsymbol{\Sigma}_k$ がすべて異なる場合には尤度関数は必ずしも有界とはならないので，大域的な最適解の保証はない.

さらにパラメータの数をできる限り減少させるためにモデルに種々の制約条件をつけることなどが行われている．たとえば $\boldsymbol{\Sigma}_k$ を固有値分解した形を想定して，

$$\boldsymbol{\Sigma}_k = \lambda_k \boldsymbol{D}_k \boldsymbol{A}_k \boldsymbol{D}_k'$$

と表す．ここで，λ_k はある定数であり，$\boldsymbol{A}_k$ はつぎのような対角行列である.

$$\boldsymbol{A}_k = \mathrm{diag}\{1, a_{k2}, \ldots, a_{kp}\}, \quad 1 \geq a_{k2} \geq \cdots \geq a_{kp} > 0$$

さらに $\boldsymbol{D}_k$ は直交行列とする．すなわち，λ_k は k 番目のクラスターの容積を制御するパラメータと考えられ，$\boldsymbol{A}_k$ はその形を表し，$\boldsymbol{D}_k$ はその方向づけ (回転) を表すものと考えられる．そのどれかでパラメータを指定することにより様々なモデルを考えることができよう．この立場からモデルを分類したものが表 10.1 である.

EM アルゴリズムを適用するためには初期値の設定が必要である．多変量正規混合モデルを用いてクラスタリングを行うためには通常 k–平均法が用いられ

表 10.1 多変量正規混合モデルの分類

モデル	$\boldsymbol{\Sigma}_k$	形	方向づけ	容積
M_1	λI	球状	無し	等しい
M_2	$\lambda_k I$	球状	無し	異なる
M_3	$\boldsymbol{\Sigma}$	等しい	等しい	等しい
M_4	$\lambda_k \boldsymbol{\Sigma}$	等しい	等しい	異なる
M_5	$\lambda \boldsymbol{D}_k \boldsymbol{A} \boldsymbol{D}_k'$	等しい	異なる	等しい
M_6	$\lambda_k \boldsymbol{D}_k \boldsymbol{A} \boldsymbol{D}_k'$	等しい	異なる	異なる
M_7	$\lambda_k \boldsymbol{D} \boldsymbol{A}_k \boldsymbol{D}'$	異なる	等しい	異なる
M_8	$\boldsymbol{\Sigma}_k$	異なる	異なる	異なる

る．すなわち，

① K を与えて k–平均法を適用する．

② クラスター k に割り当てられた標本を用いて $\boldsymbol{\mu}_k$ および $\boldsymbol{\Sigma}_k$ を求め，それらを初期値とする．

③ π_k の初期値をクラスター k に割り当てられた標本数の全標本数に対する割合とする．

収束条件に関しては基本的にパラメータの収束ということであるが，そのための指標としてつぎのような条件のいずれかが用いられる．

① $\|\boldsymbol{\theta}^{(k+1)} - \boldsymbol{\theta}^{(k)}\| < \varepsilon$

② $|Q(\boldsymbol{\theta}^{(k+1)}|\boldsymbol{\theta}^{(k)}) - Q(\boldsymbol{\theta}^{(k)}|\boldsymbol{\theta}^{(k)})| < \varepsilon$

③ $|\ell(\boldsymbol{\theta}^{(k+1)}, \boldsymbol{y}) - \ell(\boldsymbol{\theta}^{(k)}, \boldsymbol{y})| < \varepsilon$

10.3　数値計算例

ここでもデータは UCI Machine Learning Repository (Asuncion and Newman, 2007) に公表されている，“brest-cancer-wisconsin”(ウイスコンシン大学病院での肺癌に関する所見データ) を用いる．このデータは 1990 年 W. H. Wolberg 等によって肺における 10 種の細胞所見を属性として，たとえば，患部への細胞の凝集度，細胞の大きさや形の一様性，細胞核の状態などを観測したもので，欠損値のあるものを除くと総数が 683 例であり，その中で良性と判断されたものが 444 例であり，悪性と判断されたものが 239 例の 2 群からなるデータである．これを 10 変量正規混合分布として扱うためには多変量正規分布モデルの妥当性を検討する必要がある．ここでは見やすくすることもあり，主成分分析をして次元を減少させる．主成分は 10 変量の線形結合となるので，中心極限定理から，そのままで扱う場合より正規性が保証される．主成分分析の結果第 3 主成分までで寄与率が 80%を超えるので 3 変数として考えればよいが，ここでは混合分布の様子を視覚的にわかりやすく表現するため，第 1 主成分と第 3 主成分を用いて，良性と悪性の 2 つの 2 変量正規分布を混合したモデルを当てはめることにしよう．第 1 主成分と第 3 主成分に関する散布図を図 10.1 に示した．図中で白丸が悪性で黒丸が良性を示す．

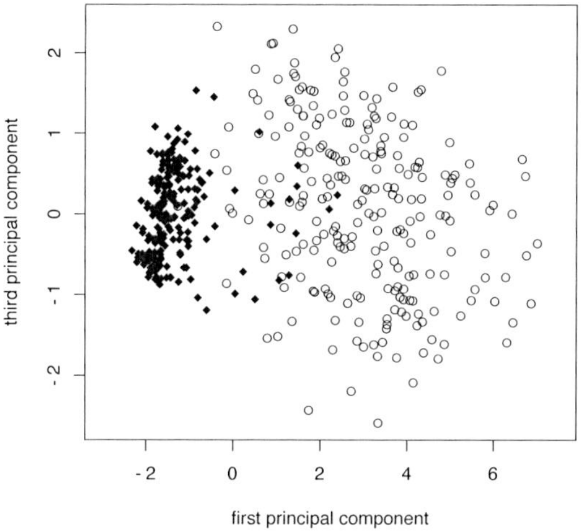

図 **10.1** 肺癌データの第 1，第 3 主成分．黒丸：良性，白丸：悪性

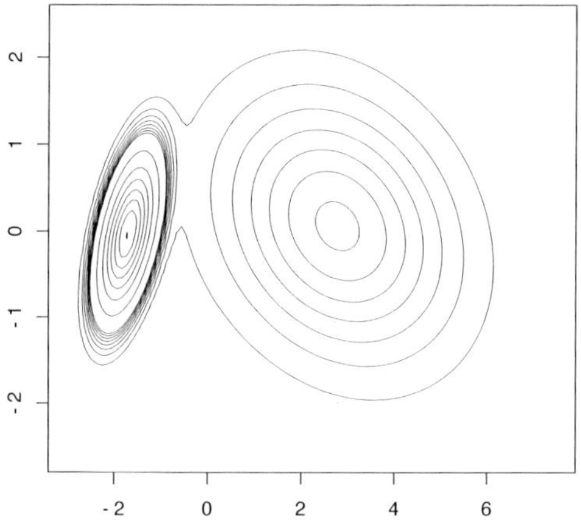

図 **10.2** 肺癌データに当てはめた混合正規分布の等高線

このデータに関して，k–平均法により 2 つのクラスターに分割する．その初期値 (2 つの重心) としてはランダムな 2 個体を選択した．その結果を利用して，2 つの 2 次元正規分布の平均ベクトル $\boldsymbol{\mu}_1^{(0)}$，$\boldsymbol{\mu}_2^{(0)}$，および分散共分散行列 $\boldsymbol{\Sigma}_1^{(0)}$，$\boldsymbol{\Sigma}_2^{(0)}$ を最尤推定値として求め，さらに混合パラメータをクラスターの相対的大きさ，すなわち，第 1 クラスターの個体数を n_1^c，第 2 クラスターの

個体数を n_2^c とするとき，$\pi_1^{(0)} = n_1^c/683$, $\pi_2^{(0)} = n_2^c/683$ とし，これらを EM アルゴリズムの初期値とする．収束条件は 10.2 節の最も単純な①の場合を用い，$\varepsilon = 1.0 \times 10^{-6}$ とした．EM アルゴリズムによって得られた，2 つの混合正規分布をそれらの等高線で示したものが図 10.2 である．この結果から，ここのクラスターへの帰属度は，事後確率 $p_{i,k}$ によって得られる．これはちょうど，

表 10.2　混合分布の推定 EM

個体番号	$p_{i,1}$	$p_{i,2}$	観測された群	個体番号	$p_{i,1}$	$p_{i,2}$	観測された群
1	0.9974	0.0026	1	670	0.9993	0.0007	1
2	0.0000	1.0000	1	671	0.9993	0.0007	1
3	0.9993	0.0007	1	672	0.9993	0.0007	1
4	0.0000	1.0000	1	673	0.9971	0.0029	1
5	0.9984	0.0016	1	674	0.9969	0.0031	1
6	0.0000	1.0000	2	675	0.9994	0.0006	1
7	0.9420	0.0580	1	676	0.0000	1.0000	2
8	0.9994	0.0006	1	677	0.9987	0.0013	1
9	0.9992	0.0008	1	678	0.9992	0.0008	1
10	0.9986	0.0014	1	679	0.9992	0.0008	1
11	0.9995	0.0005	1	680	0.9991	0.0009	1
12	0.9995	0.0005	1	681	0.0000	1.0000	2
13	0.0003	0.9997	2	682	0.0000	1.0000	2
⋮	⋮	⋮	⋮	683	0.0000	1.0000	2

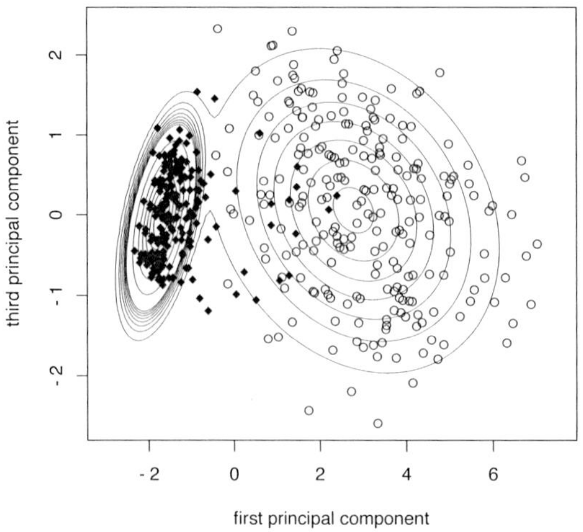

図 10.3　肺癌データに当てはめた混合正規分布と主成分の散布図

ファジィクラスタリングによるクラスターへの帰属度と全く同様に解釈することができる．683 個すべてを書き出すのは冗長であるのでその一部を表 10.2 に表す．混合分布の等高線にデータを重ねたものが図 10.3 である．

10.4 クラスタリング EM アルゴリズム

10.2 節で述べたモデルでは多変量正規混合分布を当てはめることによって，クラスターへの割り当ては事後確率を計算して，それに基づきクラスターへの帰属を決定した．これはある意味においてファジィな決定であり曖昧さが残る．そこで，クラスター分析は各個体がどのクラスターへ属すのかを決定することだとするならば，その帰属を決定することもモデルの推定に含めて考えようとする立場がある．いま n 個の個体を K 個のクラスターに分割するとき，多変量混合正規分布による対数尤度は (10.2) にあるように，

$$\ell(\boldsymbol{\theta} \mid \boldsymbol{x}) = \sum_{i=1}^{n} \log \left\{ \sum_{k=1}^{K} \pi_k \phi(\boldsymbol{x}_i \mid \boldsymbol{\mu}_k, \boldsymbol{\Sigma}_k) \right\}$$

で与えられる．これはいわば混合分布の対数尤度関数であるが，いま各個体の帰属を表すパラメータを

$$\boldsymbol{y} = \{y_1, y_2, \ldots, y_n\}, \quad y_i \in \{1, 2, \ldots, K\}$$

として，尤度関数を

$$\tilde{\ell}(\boldsymbol{\theta}, \boldsymbol{y} \mid \boldsymbol{x}) = \sum_{i=1}^{n} \log \left\{ \sum_{k=1}^{K} \pi_{y_i} \phi(\boldsymbol{x}_i \mid \boldsymbol{\mu}_{y_i}, \boldsymbol{\Sigma}_{y_i}) \right\}$$

と表す．これは帰属を表すパラメータ $\boldsymbol{y}$ も $\boldsymbol{\theta}$ と同時に推定すべきパラメータとしてモデルに取り込むということであり，この尤度関数はいわばクラスタリング尤度関数ともいうべきものである．尤度関数 $\tilde{\ell}$ を最大にするための EM アルゴリズムをクラスタリング EM アルゴリズムとして 10.2 節の EM アルゴリズムをつぎのように修正する．

[手順 1] 初期設定 (ℓ)：$\pi_k^{(\ell)}$，$\boldsymbol{\mu}_k^{(\ell)}$，$\boldsymbol{\Sigma}_k^{(\ell)}$，$\quad k = 1, 2, \ldots, K$

[手順 2] E–ステップ：すべての $i = 1, 2, \ldots, n$，$k = 1, 2, \ldots, K$ について事

後確率 $p_{i,k}$ を計算する.

$$p_{i,k} = \frac{\pi_k^{(\ell)} \phi\left(\boldsymbol{x}_i \,\middle|\, \boldsymbol{\mu}_k^{(\ell)}, \boldsymbol{\Sigma}_k^{(\ell)}\right)}{\sum_{k=1}^{K} \pi_k^{(\ell)} \phi\left(\boldsymbol{x}_i \,\middle|\, \boldsymbol{\mu}_k^{(\ell)}, \boldsymbol{\Sigma}_k^{(\ell)}\right)}$$

[手順 **3**] 分類パラメータ：y_i の値を決定する

$$y_i^{(\ell+1)} = \arg\max_k (p_{i,k})$$

これは事後確率をつぎのように置き換えることと同値である．もし

$$k' = \arg\max_k (p_{i,k})$$

ならば

$$\hat{p}_{i,k'} = 1, \quad \hat{p}_{i,k} = 0, \quad k \neq k'$$

[手順 **4**] M–ステップ：

$$\pi_k^{(\ell+1)} = \frac{\sum_{i=1}^{n} \hat{p}_{i,k}}{n}$$

$$\boldsymbol{\mu}_k^{(\ell+1)} = \frac{\sum_{i=1}^{n} \hat{p}_{i,k} \boldsymbol{x}_i}{\sum_{i=1}^{n} \hat{p}_{i,k}}$$

$$\boldsymbol{\Sigma}_k^{(\ell+1)} = \frac{\sum_{i=1}^{n} \hat{p}_{i,k} \left\{\boldsymbol{x}_i - \boldsymbol{\mu}_k^{(\ell+1)}\right\} \left\{\boldsymbol{x}_i - \boldsymbol{\mu}_k^{(\ell+1)}\right\}'}{\sum_{i=1}^{n} \hat{p}_{i,k}}$$

[手順 **5**] 収束判定：パラメータの値が収束するまで E–ステップから M–ステップまでを繰り返す.

前例と全く同じデータに対して，このアルゴリズムを適用した結果得られた分類を表すパラメータ $\hat{p}_{i,k}$ を表 10.3 に示した．混合分布として推定した場合の事後確率の大きい方に分類するならば，結果は全く同一である．また，推定された混合密度関数は図にするとほとんど相違は感じられず (図 10.4，図 10.5),

表 10.3 クラスタリング EM

個体番号	$\hat{p}_{i,1}$	$\hat{p}_{i,2}$	観測された群	個体番号	$\hat{p}_{i,1}$	$\hat{p}_{i,2}$	観測された群
1	1	0	1	670	1	0	1
2	0	1	1	671	1	0	1
3	1	0	1	672	1	0	1
4	0	1	1	673	1	0	1
5	1	0	1	674	1	0	1
6	0	1	2	675	1	0	1
7	1	0	1	676	0	1	2
8	1	0	1	677	1	0	1
9	1	0	1	678	1	0	1
10	1	0	1	679	1	0	1
11	1	0	1	680	1	0	1
12	1	0	1	681	0	1	2
13	0	1	2	682	0	1	2
⋮	⋮	⋮	⋮	683	0	1	2

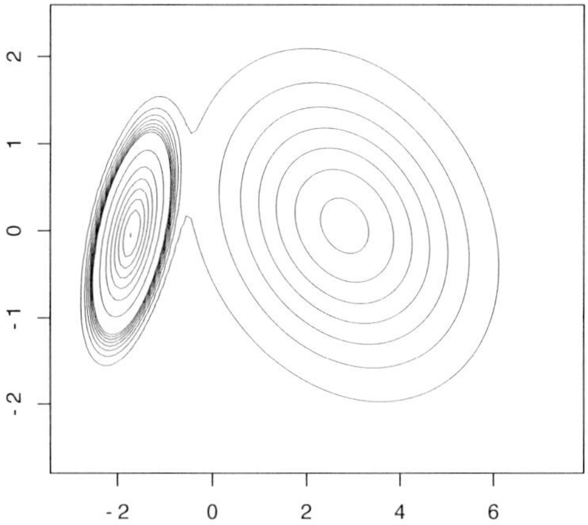

図 10.4 肺癌データに当てはめた混合正規分布の等高線 (クラスタリング EM)

それぞれの混合率および平均，分散共分散行列を比較してみるとほとんど計算誤差の範囲と考えられる.

正規混合分布のパラメータの最尤推定に関して注意すべきことは，パラメータが任意の値 (もちろんパラメータとしての条件を満たす) をとるものとするとき，n 個の標本に関する混合分布の尤度関数が常に極値をもつとは限らないことが示されている (Hathaway, 1985). したがって，EM アルゴリズムにおいて

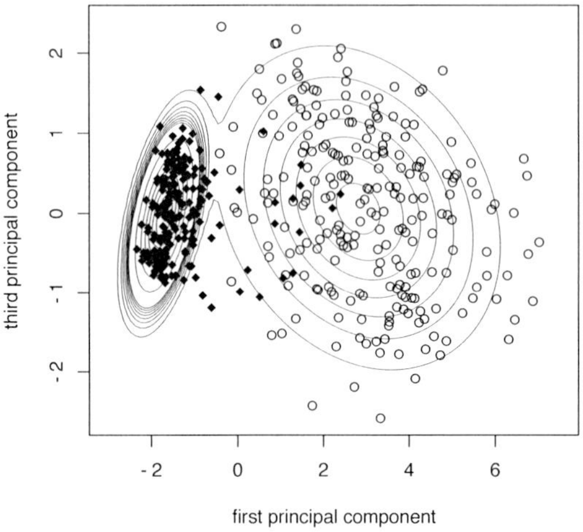

図 **10.5**　肺癌データに当てはめた混合正規分布と主成分の散布図 (クラスタリング EM)

表 **10.4**　パラメータの推定値の比較

		混合率	平　均		分散共分散行列	
混合分布の EM アルゴリズム	群 1	0.619	−1.587	−0.022	0.113	0.083
					0.083	0.234
	群 2	0.381	3.146	0.044	2.735	−0.395
					−0.395	1.035
クラスタリング EM アルゴリズム	群 1	0.622	−1.706	−0.034	0.114	0.083
					0.083	0.235
	群 2	0.378	2.811	0.057	2.735	−0.395
					−0.395	1.035

もその点を考慮して適用する必要がある．

10.5　混合分布の個数について

観測データに多変量正規混合モデルを当てはめるとき，その混合数をいくつにするかは重要であり，かつ困難な問題である．k–平均法の立場では “k” はいろいろ与えてみて，たとえば，級間分散共分散行列と級内分散共分散行列に関するいわゆる相関比に相当する量が最大になるものを選択するということが行われる．多変量正規混合モデルにおいても，基本的には混合数をいろいろに与えて，何らかの基準を適用することが現実的であるが，ここでは個数に関する統計的検定について，その考え方を紹介しよう．

p 変量正規混合モデル

$$f(\boldsymbol{x}) = \sum_{k=1}^{K} \pi_k f_k(\boldsymbol{x}) = \sum_{k=1}^{K} \pi_k \phi(\boldsymbol{x} \mid \boldsymbol{\mu}_k, \boldsymbol{\Sigma}_k), \quad \boldsymbol{x} \in \mathcal{R}^p$$

において，未知パラメータは，$\pi_k, \boldsymbol{\mu}_k, \boldsymbol{\Sigma}_k$ と考える．K は与えられたものとして，このモデルを EM アルゴリズムなどで当てはめる．そこで，2 つの混合数 $1 \leq K_1 < K_2$ を考えたとき，この 2 つのモデルを比較してどちらが観測データに当てはまっているかを考えよう．そのためにすぐ思いつくのは尤度比統計量であろう．標本 $\boldsymbol{x}_1, \boldsymbol{x}_2, \ldots, \boldsymbol{x}_n$ に関する尤度を

$$L_{K_1} = \prod_{i=1}^{n} \left\{ \sum_{r=1}^{K_1} \pi_r \phi(\boldsymbol{x}_i \mid \boldsymbol{\mu}_r, \boldsymbol{\Sigma}_r) \right\}$$

$$L_{K_2} = \prod_{i=1}^{n} \left\{ \sum_{s=1}^{K_2} \pi_s \phi(\boldsymbol{x}_i \mid \boldsymbol{\mu}_s, \boldsymbol{\Sigma}_s) \right\}$$

とおくとき，これらの尤度比 $\lambda = L_{K_1}/L_{K_2}$ の対数に関して

$$T = -2 \log \lambda = -2 \log \frac{L_{K_1}}{L_{K_2}}$$

とおくと，T は正則条件を満たすならば漸近的に自由度 $(p+1)(K_2 - K_1)$ の χ^2–分布に従うことが知られている．特に $K_1 = 1$, $K_2 = 2$，すなわち，等質性の検定 (クラスターが存在しないとの検定) について，T は自由度 $(p+1)$ の χ^2–分布に従うことになる．ところが，混合分布の数を K とすると，未知パラメータのパラメータ空間を $S_\pi \times S_\mu \times S_\Sigma$ とおくと，それぞれつぎのように与えられる．

$$S_\pi = \{(\pi_1, \pi_2, \ldots, \pi_K) \mid \pi_1 + \pi_2 + \cdots + \pi_K = 1,\ 0 \leq \pi_k \leq 1\}$$

$$S_\mu = \{(\boldsymbol{\mu}_1, \boldsymbol{\mu}_2, \ldots, \boldsymbol{\mu}_K) \mid -\infty \leq \boldsymbol{\mu}_k \leq \infty\}$$

$$S_\Sigma = \{(\boldsymbol{\Sigma}_1, \boldsymbol{\Sigma}_2, \ldots, \boldsymbol{\Sigma}_K) \mid \boldsymbol{\Sigma}_k \ :\ \text{正定値対称}\ \}$$

いま，$K_1 = 1, K_2 \geq 2$ としての尤度比検定，すなわち帰無仮説 $H_{(1)}^{\text{mix}}$ を対立仮説 $H_{(\geq 2)}^{\text{mix}}$ に対して検定するとき，$H_{(1)}^{\text{mix}}$ の下での帰無分布に対応するパラメー

タ空間は

$$S_\pi = \{(1, 0, 0, \ldots, 0) \mid \pi_1 = 1, \pi_2 = \cdots = \pi_{K_2} = 0\}$$
$$S_\mu = \{(\boldsymbol{\mu}_1, \boldsymbol{\mu}_2, \ldots, \boldsymbol{\mu}_K) \mid \boldsymbol{\mu}_1 = \boldsymbol{\mu}_2 = \cdots = \boldsymbol{\mu}_K\}$$

に制限される．すなわち，少なくともパラメータ空間 S_π の境界で尤度を考えることとなり，正則条件は満たされないことになる．したがって，漸近的な χ^2–近似は当てはまらないことになり (Hartigan, 1088; Wolfe, 1970)，尤度比検定統計量 T の検定におけるパーセント点はシミュレーションやブートストラップなどによって求める必要がある．

これに関して，Wolfe (1970) は，シミュレーションを用いて，$K_1 = 1, K_2 = K$ に対する検定統計量として，尤度比 T を変換して

$$T^* = \frac{1}{n}\left(n - 1 - p - \frac{K}{2}\right) \cdot T$$

が近似的に自由度 $2p(K-1)$ の χ^2–分布に従うことを示している．ただし，n が p に比べて十分大きくなければ近似はよくないが，最近では $n > 200$ でもそれほど難しい状況ではないので十分適用できるものと考えられる．

文　　献

Akaike, H. (1973). Information theory and as extension of the maximum likelihood principle. In B. N. Petrov and F. Czáki (Eds.), *2nd International Symposium on Information Theory* (Akademiai Kiadó, Budapest), 267–281.

Anderberg, M. R. (1973). *Cluster Analysis for Applications*, Academic Press.

Anderson, T. W. (1951). Classification by multivariate analysis. *Psychometrika*, **16**, 31–50.

Anderson, T. W. (1973). An asymptotic expansion of the distribution of Studentized classification statistics W, *Ann. Stat.*, **1**, 964–972.

Anderson, T. W. (1984). *An Introduction to Multivariate Statistical Analysis*, 2nd edition, Wiley.

Asuncion, A. and Newman, D. J. (2007). UCI Machine Learning Repository [http://www.ics.uci.edu/mlearn/MLRepository.html] University of California, School of Information and Computer Science.

Bezdek, J. C. (1980). A convergence theorem for the fuzzy ISODATA clustering algorithms. *IEEE Trans. Pattern Anal. Machine Intell.*, **PAMI–2**(1), 1–8.

Bezdek, J. C., Hathaway, R. J., Sabin, M. J. and Tucker, W. T. (1987). Convergence theory for fuzzy c–means: Counterexamples and repairs. *IEEE Trans. Syst. Man Cybern.*, **SMC–17**(5), 873–877.

Bock, H. H. (1981). Statistical testing and evaluation methods in cluster analysis. In J. K. Gosh and J. Roy (Eds.), *Golden Jubilee Conference in Statistics: Applications and New Directions*, Indian Statistical Institute, Calcutta, 116–146.

Bock, H. H. (1996). Probability models and hypotheses testing in partitioning cluster analysis. In P. Arabie, L. J. Hubert and De Soete (Eds.), *Clustering and Classification*, World Scientific, 377–453.

Box, G. E. P.(1948). A general distribution theory for a class of likelihood criteria. *Biometrika*, **36**, 317–346.

Dempster, A. P., Laird, N. M. and Rubin, D. B. (1977). Maximum likelihood for incomplete data (with discussion). *Jour. R. Stat. Soc. B*, **39**, 1–38.

Diggle, P. J. (1979). On parameter estimation and goodness of fit testing for spatial point patterns. *Biometrika*, **35**, 87–101.

Dunn, J. C. (1973). A fuzzy relative of the ISODATA process and its use in detecting compact well-separated clusters. *Jour. Cybern.*, **3**(3), 32–57.

Dunn, J. C. (1974). A graph theoretic analysis of pattern classification via Tamura's fuzzy relation. *IEEE Trans. Syst. Man Cybern.*, **SMC–4**(3), 310–313.

Fisher, R. A. (1936). The use of multiple measurements in taxonomic problems. *Ann. Eugen.*, **7**, 179–188.

Fujikoshi, Y. (1985). Selection of variables in two-group discriminant analysis by error rate and Akaike's information criteria. *Jour. Multivar. Anal.*, **17**, 27–37.

藤越康祝 (1992). 多変量解析における変量の冗長性. 行動計量学, **19(1)**, 18–28.

Gath, I. and Geva, A. B.(1989). Unsupervised optimal fuzzy clustering. *IEEE Trans. Pattern Anal. Mach. Intell.*, **PAMI–11**(7), 773–781.

Forgy, E. W. (1965), Cluster analysis of multivariate data: efficiency vs interpretability of classifications, *Biometrics*, **21**, 768–769.

Gitman, I. and Levin, M. D. (1965). An algorithm for detecting unimodal fuzzy sets and its application as a clustering technique. *IEEE Trans. Comput.*, **C–19**(7), 583–593.

Gordon, A. (1996). Hierarchical classification. In P. Arabie, L. J. Hubert and De Soete (Eds.), *Cluster and Classification*, World Scientific, 65–121.

Gustafson, D. E. and Kessel, W. C. (1979). Fuzzy clustering with a fuzzy covariance matrix. *Proc. IEEE CDC, San Diego, CA*, 761–766.

Hartigan, J. A. (1967). Representation of similarity matrices by trees. *Jour. Am. Stat. Assoc.*, **62**, 1140–1158.

Hartigan, J. A. (1977). Distribution problems in clustering. In J. Van Ryzin (Ed.), *Classification and Clustering*, Academic Press, 45–72.

Hartigan, J. A. and Wong, M. A. (1979), A k–means clustering algorithm, *Appl. Stat.*, **28**, 100–108.

Hartigan, J. A. and Mohanty, S. (1992). The RUNT test for multimodality. *Jour. Classif.*, **9**, 63–70.

Hathaway, R. J. (1985). A constrained formulation of maximum likelihood estimation for normal mixture distributions. *Ann. Stat.*, **13**(2), 795–800.

Henze, N. (1982). The limit distribution for maxima of "weighted" r-th-nearest neighbour distances. *Jour. Appl. Probab.*, **19**, 344–354.

Hopkins, B. (1954). A new method of determining the type of distribution of plant individuals. *Ann. Bot.*, **18**, 213–226.

Hubert, L. (1974). Approximate evaluation techniques for the single-link and complete-link hierarchical clustering procedures. *Jour. Am. Stat. Assoc.*, **69**, 698–704.

Jardine, N. and Sibson, R. (1971). *Mathematical Taxonomy*, Wiley.

Johnson, S. C. (1967). Hierarchical clustering schemes. *Psychometrika*, **32**, 241–254.

Kandel, A. and Yelowitz, L. (1974). Fuzzy chains. *IEEE Trans. Syst. Man Cybern.*, **SMC–4**(5), 472–475.

Křivánek, M. (1986). On the computational complexity of clustering. In E. Diday, Y. Escoufier, L. lebart, J. Pagès, Y. Schektman and R. Tomassone (Eds.), *Data Analysis and Informatics IV*, North-Holland, 89–96.

Lance, G. N. and Williams, W. T. (1967). A general theory of classificatory sorting strategies: 1. Hierarchical systems. *Comput. Jour.*, **9**, 373–380.

Lloyd, S. P. (1957). Least squares quantization in PCM, *Technical Note*, Bell Laboratories, Published in 1982 in *IEEE Trans. Information Theory*, **28**, 128–137.

MacQueen, J. B. (1967). Some methods for classification and analysis of multivariate observations, *Proc. 5-th Berkeley Symposium on Mathematical Statistics and Probability*, University of California Press, 281–297.

McMorris, F. R., Meronk, D. B. and Neumann, D. A. (1983). A view of some consensus method for tree. In J. Felsenstein (Ed.), *Numerical Taxonomy*, Springer-Verlag, 122–126.

Okamoto, M. (1963). An asymptotic expansion for the distribution of the linear discriminant function, *Ann. Math. Stat.*, **34**, 1286–1301.

奥野忠一・芳賀敏郎・久米　均・吉澤　正 (1971). 多変量解析法, 日科技連出版社.

Rao, C. R. (1948). Tests of significance in multivariate anslysis. *Biometrika*, **35**, 58–79.

Rao, C. R. (1970). Inference on discriminant function coefficients. In R. C. Bose et al. (Eds.), *Essays in Probability and Statistics*, University of North Carolina Press, 587–602.

Rao, C. R. (1977). *Linear Statistical Inference and Its Applications*, 2nd edition, Wiley. (奥野忠一他訳 (1980). 統計的推論とその応用, 東京図書)

Ripley, B. D. (1979). Test of randomness for spatial point pattern. *Jour. R. Stat. Soc. B*, **41**, 368–374.

Roubens, M. (1978). Pattern classification problems and fuzzy sets. *Fuzzy Sets and Systems*, **1**, 239–253.

Ruspini, E. H. (1969). A new approach to clustering. *Inform. Control.*, **15**(1), 22–32.

Sabin, M. J. (1987). Convergence and consistency of fuzzy c–means/ISODATA algorithms. *IEEE Trans. Pattern Anal. Mach. Intell.*, **PAMI–9**(5), 661–668.

Sibson, R. (1972). Order invariant method for data analysis (with discussion). *Jour. R. Stat. Soc. B*, **34**, 311–349.

Siotani, M. and Wang, R. H. (1977). *Asymptotic Expansion for Error Rates and Comparison of the W–Procedure and Z–Procedure in Discriminant Analysis*, North-Holland.

Siotani, M., Hayakawa, T. and Fujikoshi, Y. (1985). *Modern Multivariate Statistical Analysis: A Graduate Course Handbook*, American Sciences Press.

塩谷　実 (1990). 多変量解析概論, 朝倉書店.

Sitgreaves, R. (1952). On the distribution of two random matrices used in classification procedures. *Ann. Math. Stat.*, **23**, 263–270.

Sneath, P. H. A. (1969). Evaluation of clustering methods (with discussion). In A. J. Cole (Ed.), *Numerical Taxonomy*, Academic Press, 257–271.

Sokal, R. R. and Rohlf, F. J. (1962). The comparison of dendrograms by objective methods. *Taxon*, **11**, 33–40.

Stevens, S. S. (1951). Mathematics, measurement, and psychophysics. In S. S. Stevens (Ed.), *Handbook of Experimental Psychology*, Wiley.

Tamura, S., Higuchi, S. and Tanaka, K. (1971). Pattern classification based on fuzzy relations. *IEEE Trans. Syst. Man Cybern.*, **SMC–1**(1), 61–66.

Wald, A. (1944). On a statistical problem arising in the classification of an individual into one of two groups. *Ann. Math. Stat.*, **15**, 145–162.

Warshall, S. (1962). A theorem on boolean matrices. *J. Ass. Comput. Math.*, **9**, 11–12.

Windham, M. P. (1982). Cluster validity for the fuzzy c–means clustering algorithm. *IEEE Trans. Pattern Anal. Mach. Intell.*, **PAMI–4**(4), 357–363.

Wishart, D. (1969). An algorithm for hierarchical classifications. *Biometrics*, **25**, 165–170.

Wolfe, J. H. (1970). Pattern clustering by multivariate mixture analysis. *Multivar. Behav. Res.*, **5**, 329–350.

柳井晴夫・高木廣文 (編) (1986). 多変量ハンドブック, 現代数学社.

Zadeh, L. A. (1965). Fuzzy sets. *Inform. Control.*, **8**, 338–353.

Zadeh, L. A. (1971). Similarity relations and fuzzy orderings. *Inform. Sci.*, **3**, 177–200.

Zadeh, L. A. (1973). Outline of a new approach to the analysis of complex systems and decision processes. *IEEE Trans. Syst. Man Cybern.*, **SMC–3**(1), 28–44.

索　引

欧　文

あ 行

か 行

さ 行

MEMO

著者略歴

佐藤義治（さとうよしはる）

1946年　北海道に生まれる
1975年　北海道大学大学院工学研究科修士課程修了
1988年　北海道大学工学部教授
現　在　北海道大学名誉教授
　　　　工学博士

シリーズ〈多変量データの統計科学〉2
多変量データの分類
—判別分析・クラスター分析—
定価はカバーに表示

2009年4月10日　初版第1刷
2019年12月25日　第5刷

著　者　佐　藤　義　治
発行者　朝　倉　誠　造
発行所　株式会社　朝　倉　書　店
東京都新宿区新小川町6-29
郵便番号　162-8707
電　話　03(3260)0141
FAX　03(3260)0180
http://www.asakura.co.jp

〈検印省略〉

中央印刷・渡辺製本

ISBN 978-4-254-12802-4　C 3341　Printed in Japan